Christoph Walter Gabath

Gewinngarant Einkauf

Christoph Walter Gabath

Gewinngarant Einkauf

Nachhaltige Kostensenkung ohne Personalabbau

GABLER

Bibliografische Information Der Deutschen Nationalbibliothek
Die Deutsche Nationalbibliothek verzeichnet diese Publikation in der
Deutschen Nationalbibliografie; detaillierte bibliografische Daten sind im Internet über
<http://dnb.d-nb.de> abrufbar.

1. Auflage 2008

Lektorat: Ulrike M. Vetter | Stefanie A. Winter

Der Gabler Verlag ist ein Unternehmen von Springer Science+Business Media.
www.gabler.de

Umschlaggestaltung: Nina Faber de.sign, Wiesbaden
Druck und buchbinderische Verarbeitung: Wilhelm & Adam, Heusenstamm
Gedruckt auf säurefreiem und chlorfrei gebleichtem Papier.
Printed in Germany

ISBN 978-3-8349-0590-1

Vorwort

Globalisierung, Outsourcing und Innovation sind die bestimmenden Schlagwörter in der nationalen Wirtschaft. Nur eine zielorientierte Planung und konsequente Umsetzung sichert die nachhaltige Wettbewerbsfähigkeit. Jeder Trend hat dabei einen massiven Einfluss auf den Einkauf:

- Globalisierung erfordert die Erschließung internationaler Beschaffungsmärkte,
- Outsourcing erweitert den Tätigkeits- und Verantwortungsumfang durch eine Erhöhung der Beschaffungsquote und
- Innovation erfordert eine intensive Koordination der Zusammenarbeit mit den Lieferanten auf den Gebieten Forschung und Entwicklung.

Der Einkauf ist eine entscheidende betriebliche Einsparquelle. In der verarbeitenden Industrie gilt die Faustformel, dass eine Einsparung von lediglich einem Prozent im Einkauf den gleichen Gewinneffekt erzielt wie eine Umsatzsteigerung von 20 Prozent.

Die Realität misst jedoch dem Einkauf nicht die gebührende Stellung zu. Vielfach wird die Einkaufsabteilung auf die Funktion als Bestellabwickler reduziert – die Anforderungen werden lediglich unzureichend erfüllt. Das vorliegende Buch verfolgt daher das Ziel, auf die Bedeutung des Einkaufs als „Gewinngarant" hinzuweisen und die entscheidenden Stellhebel im Einkauf zu beschreiben.

Das gesammelte Expertenwissen wird durch zahlreiche Fallbeispiele, Grafiken und Rechenbeispiele dargestellt. Neben Geschäftsführern und Einkäufern wendet sich das Buch auch an alle Mitarbeiter mit Budgetverantwortung. Ferner werden Sanierungsberater und Insolvenzverwalter angesprochen, denen die Methoden der kurzfristigen Kostensenkung umfassend aufgezeigt werden sollen.

Mein Dank gilt den Industrieexperten verschiedener Branchen für ihren geschätzten Rat und ihr Wissen, welches sich in diesem Buch vereinigt. Daneben bin ich Frau Clarissa Katharina Hackbarth zu besonderem Dank verpflichtet, deren Unterstützung wesentlich zum Erfolg dieses Buches beigetragen hat.

Bonn, im Oktober 2007 — Christoph Walter Gabath

Inhaltsverzeichnis

1. Einführung

Die Einkaufsabteilungen vieler Unternehmen nutzen ihr immenses Potenzial nur unzureichend. Die Aufgaben des Einkaufs beschränken sich zumeist auf die Abwicklung der Bestellungen anderer Abteilungen, die zudem über Beschaffungsquelle und Konditionen entscheiden. Derartige administrative Arbeiten bestimmen überwiegend das Aufgabenbild des Einkäufers.

Vor diesem Hintergrund gilt der Einkauf als unscheinbar – im Gegensatz zum Vertrieb, der den Umsatz des Unternehmens bestimmt, oder der Entwicklungsabteilung, welche die künftige Produktpolitik gestaltet. Die eigentliche Funktion des Einkaufs liegt jedoch in der aktiven Kostengestaltung. Durch den Einkauf wird die Umsatzrendite und somit die Kapitalverzinsung entscheidend beeinflusst.

Die Bedeutung von Einkaufskosten lässt sich anhand folgender Branchenkennzahlen verdeutlichen:

Im Einzelhandel bilden die Beschaffungsaufwendungen mit knapp 70 Prozent die größte Kostenposition. Personalkosten haben dagegen mit rund 15 Prozent eine untergeordnete Bedeutung.

Das verarbeitende Gewerbe in Deutschland weist eine durchschnittliche Materialkostenquote von 65 Prozent auf.

Jede Reduzierung des Materialaufwands in Prozent der Gesamtleistung bewirkt eine signifikante Ergebnisverbesserung. Dieser Materialkosten-Gewinn-Hebel des Einkaufs lässt sich anhand folgender Formel demonstrieren:

$$GB = \frac{B * K}{UR}$$

GB = Gewinnbeteiligung der Beschaffung, ausgewiesen als vergleichbare Umsatzsteigerung

B = Beschaffungskosten in Prozent vom Umsatz

UR = Umsatzrendite

K = Kostensenkungsziel in Prozent der Beschaffungskosten

Diese Funktion ist besonders beeindruckend, da sie aufzeigt, um wie viel Prozent der Umsatz gesteigert werden müsste, um denselben Gewinneffekt zu erzeugen, den eine einprozentige Senkung des Materialkostenanteils erwirkt.

Unter der Annahme, dass die Materialkostenquote eines Unternehmens bei 60 Prozent liegt und die Umsatzrendite bei 3 Prozent, kommt die Materialkostensenkung um 3 Prozent einer Steigerung der Umsatzerlöse um 45 Prozent insoweit gleich, als der Gewinn sich bei beiden Maßnahmen um den gleichen Betrag erhöht.

Besonders vorteilhaft sind jedoch Kostensenkungspotenziale durch Einkaufskostensenkung im Vergleich zu einer Personalkostensenkung. Unter der Annahme einer durchschnittlichen Materialkostenquote in der Industrie von 60 Prozent und einer Personalkostenquote von 15 Prozent des Umsatzes ergibt sich folgendes Rechenexempel. Ein Personalabbau von 10 Prozent der Belegschaft entspricht dem identischen Kosteneffekt wie eine Materialkostensenkung von 2,5 Prozent. Im Rahmen von Abfindungszahlungen und Sozialplänen entstehen erhebliche Kosten, die das Unternehmen zu tragen hat. Ferner schreibt der Gesetzgeber vor dem Hintergrund der Sozialauswahl vor, zunächst bei jungen, leistungsfähigen Mitarbeitern die Kündigung vorzunehmen. Dies hat neben dem Verlust des Ansehens des Betriebes und einer massiven Konfrontation mit den Gewerkschaften gravierende Auswirkungen auf die Wettbewerbsfähigkeit. Kommt es in der Folgephase wieder zu einer Erholung der Auftragslage, fallen weitere Kosten zur Rekrutierung von Personal an.

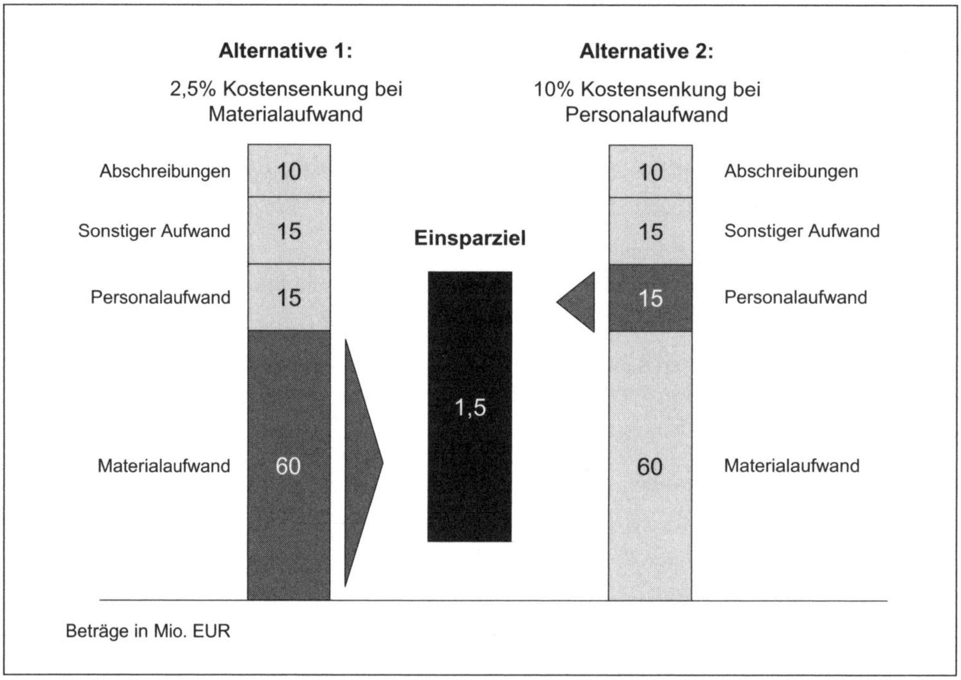

Abbildung 1: *Materialkostensenkung als Alternative zum Personalabbau*

Materialkostensenkungen dagegen können schnell und ohne weitere Investitionen erzielt werden. Das teilweise vorgebrachte Argument, dass Materialkostensenkungen mit Qualitätseinbußen einhergehen, kann in der Praxis zumeist nicht bestätigt werden. Vielmehr konnten Qualität und Innovation durch Lieferantenwechsel und Wertschöpfungspartnerschaften sogar in erheblichem Umfang gesteigert werden. Dieses Buch zeigt Methoden auf, mit denen die Materialkosten bei Einkaufsprojekten teilweise um 15 Prozent reduziert werden können. Derartige Kostensenkungen ließen sich keineswegs über Personalabbau abbilden.

Die Verbesserung der Einkaufsleistung erhöht zudem den Firmenwert. Gerade für Private-Equity-Gesellschaften sowie Unternehmer, die ihren Betrieb veräußern möchten, bietet die Kostensenkung im Einkauf eine entscheidende Möglichkeit zur Erhöhung des Unternehmenswertes. Dazu folgendes Beispiel: Ein Unternehmen erwirtschaftet zum Zeitpunkt des Engagements einer Beteiligungsgesellschaft einen Umsatz von 100 Mio. Euro, sowie einen Rohertrag (Umsatz – Materialaufwand) von EUR 50 Mio. Euro; der EBIT (Gewinn vor Zinsen und Steuern) beträgt 5 Mio. Euro. Der EBIT-Faktor zur Errechnung des Unternehmenswertes beläuft sich auf 10 Mio. Euro, was einem Kaufpreis von 50 Mio. Euro entspricht. Nach fünf Jahren „Haltezeit" des Beispielunternehmens strebt das Private-Equity Unternehmen eine Veräußerung des Beteiligungsunternehmens an. Der Umsatz liegt unverändert bei 100 Mio. Euro. Durch diverse Kostensenkungsmaßnahmen im Einkauf konnten die Beschaffungsaufwendungen um 10 Mio. Euro gesenkt werden; daraus resultiert ein neuer EBIT von 15 Mio. Euro. Beim Verkauf wurde wieder ein EBIT-Faktor von 10 zugrunde gelegt. Entsprechend stieg der Unternehmenswert auf 150 Mio. Euro, wodurch ein Gewinn von 100 Mio. Euro für die Private-Equity-Gesellschaft realisiert werden konnte. Dieses Rechenexempel macht deutlich, welche signifikanten Auswirkungen ein professionelles Beschaffungsmanagement auf Private-Equity-Engagements hat.

Die Reduzierung der Materialkosten ist somit eine der erfolgversprechendsten Methoden, um das Unternehmensergebnis nachhaltig zu optimieren. Dazu kommt, dass der professionelle Einkauf sich auch für eine ganzheitliche Reduzierung der Produktions- und Prozesskosten der Wertschöpfungskette verantwortlich zeichnen muss. Dabei kann der Einkauf jedoch nicht autark agieren. Vielmehr bedarf es einer funktionsübergreifenden Zusammenarbeit mit Konstruktion, Fertigung und Vertrieb sowie der Einbindung von Lieferanten. Die Integration des Einkaufs in die Produktentwicklung kann eine frühzeitige Garantie der Kostenoptimierung sicherstellen. Ebenso ist das Management von kostengünstigen und effizienten Versorgungskonzepten als Einkaufskompetenz beispielhaft zu erwähnen. Der massiv anhaltende Trend zur Auslagerung von Teilbereichen der betrieblichen Wertschöpfung sowie von Randaktivitäten wird darüber hinaus weiter den Materialaufwand steigern und somit die Bedeutung des Einkaufs als Profitgarant erhöhen.

Bei zahlreichen bedeutenden Unternehmen nimmt bereits jetzt der Einkauf eine strategische Funktion auf Konzernebene ein. Der Automobilkonzern DaimlerChrysler verfolgt beispielsweise das Ziel einer Steigerung des Unternehmenswertes durch optimierte Einkaufssysteme und Prozesse. Beim österreichischen Technologiekonzern Andritz wird es explizit als Aufgabe des Einkaufs definiert, durch konsequente Reduktion der Prozess- und Beschaffungskosten zur Stärkung der Wettbewerbsposition beizutragen.

Bevor auf die Techniken zur Kostenreduzierung im Einkauf eingegangen wird, gilt es, sich Klarheit über dessen betriebliche Funktion zu verschaffen. Dafür dient zunächst ein Einblick in die geschichtliche Entwicklung des Einkaufs:

Die erste Phase entwickelte sich im Rahmen der reinen Bedarfsdeckung mit Roh-, Hilfs- und Betriebsstoffen. Der Einkauf fungierte zunächst als Versorger des innerbetrieblichen Leistungsprozesses. Für diese betriebliche Funktion wurde zuerst eine eigenständige Abteilung für die reine Bestellabwicklung etabliert. Der Bedarf wurde im Vorfeld von der produzierenden Abteilung in seinen quantitativen und qualitativen Anforderungen definiert. Die Aufgabe des Einkaufs bestand somit lediglich darin, gewünschte Waren oder Dienstleistungen bereitzustellen.

Diese rudimentäre Ausgestaltung des Einkaufs ist in zahlreichen Betrieben immer noch gängige Praxis. In vielen Fällen fungiert der Einkauf nach wie vor als Weisungsempfänger von Entwicklung oder Vertrieb. Als Beispiel sei hierbei ein Maschinenbaubetrieb genannt, dessen Vertriebsabteilung mit dem Kunden konkrete Lieferanten für Komponenten festlegt. Im Rahmen dieser Fixierung eines Lieferanten verliert der Einkauf bereits in der Konstruktionsphase die Möglichkeit, in den Folgephasen des Produktlebenszyklus alternative Lieferanten zu identifizieren und aufzubauen.

Bei der überwiegenden Anzahl mittelständisch geprägter Unternehmen beschränkt sich die Einkaufsfunktion auf die Ausführung von Bestellungen, die die Produktionsabteilung kurzfristig benötigt. Mit Sicherheit ist die Bestellfunktion eine wichtige Aufgabe im Einkauf. Jedoch lässt diese Philosophie des Einkaufs keine nennenswerten Kostensenkungen durch strategische Lieferantenmaßnahmen zu. Zahlreiche Maßnahmen bleiben auf Kosten der betrieblichen Rendite ungenutzt. Diese Gründe tragen mitunter zu einem angespannten Verhältnis zwischen Einkauf und Vertrieb bei und behindern sämtliche Maßnahmen einer gemeinsamen Optimierung der Materialkosten. Gerade mittelständische Unternehmen, die einem wachsenden Wettbewerbsdruck, schnelleren Innovationszyklen und steigenden Rohstoffpreisen ausgesetzt sind, könnten hierbei entscheidende Potenziale für die nachhaltige Sicherung der Ertragskraft gewinnen.

Das vorliegende Buch vermittelt einen systematischen und umfassenden Einblick in die Kostensenkungsmöglichkeiten für den Einkauf. Zahlreiche Fallstudien zeigen den praktischen Einsatz sowie nachweisbare Erfolge. Die Best-Practice-Methoden führender Konzerne zur Kostensenkung im Einkauf werden dabei beschrieben und mit konkreten Fakten versehen.

Zu Beginn des Buches wird aufgezeigt, dass die vermeintlich banale Lieferantenverhandlung durch entsprechende Strategien entscheidend ausgebaut werden kann. Besonders die vorgestellten Argumentationstaktiken stärken das Drohpotenzial gegenüber dem Lieferanten.

Nach einer Einleitung widmet sich das zweite Kapitel diversen Instrumenten zur Lieferantenanalyse. Dabei werden Methoden wie die ABC- oder XYZ-Analyse präsentiert, die es erlauben, die Lieferantenstruktur als Basis für weitere Maßnahmen zu ordnen. Die Kalkulationsanalyse der Lieferanten sowie die Preisstrukturanalyse erlauben es fortan dem Abnehmer, sich einen Einblick in die Berechnungsgrundlagen des Lieferanten zu verschaffen und mögliche Preissenkungspotenziale eigenständig zu eruieren. Im weiteren Verlauf des Kapitels wird anhand von Beispielen erläutert, welchen Einfluss technische Maßnahmen zur Beschaffungskostensenkung haben. Insbesondere wertanalytische Maßnahmen, bei denen das Produkt in seine Bestandteile zerlegt wird und mit Nutzenkomponenten versehen wird, sowie Standardisierungen von Bauteilen eignen sich vortrefflich zum Abbau von Komplexitätskosten, zur Reduzierung interner Prozessaufwendungen sowie letztlich einer Vergrößerung des Beschaffungsmarktes und einer damit korrespondierenden Kostensenkung.

Das dritte Kapitel geht intensiv auf das in der Beschaffungswelt gegenwärtig brisanteste Thema „Global Sourcing" ein. Neben strategischen Grundlagen sowie der Implementierung wird beispielhaft für internationale Beschaffung die Slowakei mit ihren Chancen vorgestellt. Ferner werden mit Abwicklungs- und Zahlungsmodalitäten sowie internationalen Verträgen und dem UN-Kaufrecht juristische Aspekte beleuchtet. Im Anschluss steht die Methodik „Outsourcing" im Fokus: Trotz zahlreicher Vorteile werden auch eingehend Risiken betrachtet.

Der Abschnitt „Lieferantenmanagement" beschreibt in Kapitel 6 ausführlich den gesamten Prozess von der Lieferantenbewertung bis hin zur Lieferantenentwicklung. Hierbei wird deutlich, dass zunächst ein individuell auf das Unternehmen zugeschnittener, abteilungsübergreifend erarbeiteter Kriterienkatalog zwingend erforderlich ist. Anhand zahlreicher Beispiele aus der Automobilindustrie zeigt das Buch auf, wie Lieferantenmanagement in der Praxis erfolgreich ein- und umgesetzt wird. In diesem Zusammenhang erfolgt auch ein fundierter Einblick in die Zusammenarbeit mit Lieferanten zur Kostensenkung.

Im Rahmen der Beschaffungsstrategien beschäftigt sich Kapitel 7 ausführlich mit der Herleitung von individuellen Materialgruppenstrategien. Dabei wird zunächst deutlich, dass neben der Bedarfsgüterperspektive auch die Bedarfsquelle in gleichem Maße die Beschaffungsstrategie determiniert. Der Punkt „Beschaffungsmarketing" führt nochmals umfassend alle Punkte zur Ausgestaltung beschaffungsmarktbezogener Aktivitäten auf. Das Schlagwort „E-Procurement" wird näher dargestellt. Ebenso wird auf die technischen Möglichkeiten und die Implementierung eingegangen.

Die Volumenerhöhung gehört zu den konventionellsten Strategien zur Kostensenkung im Einkauf. Jedoch werden die Möglichkeiten nur unzureichend ausgeschöpft. Das Kapitel 9 widmet sich somit zunächst einer theoretischen Fundierung des Erfahrungskurveneffekts sowie der Initiierung, Organisation und Führung von erfolgreichen Einkaufskooperationen.

Oftmals vernachlässigt wird das Thema „Organisation und Personal". Mit Hilfe von praktischen Beispielen stellt Kapitel 11 die CM-Organisation vor, die hohe Einsparungen durch Bündelung von Materialgruppen auf so genannte „Category-Manager" erlaubt. Ferner erhält der Leser Einblick in eine Vergütungsform, die das Gehaltsniveau eines Einkäufers an seine Leistung koppelt.

Da der Einkäufer der Zukunft auch für benachbarte Gebiete verantwortlich zeichnet, erfolgt in Kapitel 12 eine Darstellung von Kostensenkungspotenzialen im Bereich der Logistik. Die entscheidenden Hebel liegen dabei im Bestandsmanagement sowie einer Übertragung des Logistik- und Lagermanagements auf den Lieferanten.

Im Allgemeinen wird das Gebiet „Einkauf" mit der Beschaffung von direkten Gütern assoziiert. Daraus folgt, dass indirekte Materialien wie Büromaterial, Entsorgung, Strom oder Arbeitskleidung außer Acht gelassen werden. Gerade hier liegt jedoch noch beträchtliches Einsparpotenzial. Anhand von Zeitarbeit und betrieblichen Reisekosten skizziert Kapitel 13, welche Erfolgsgeschichten sich hierbei schreiben lassen.

Um den Erfolg der Einsparungsmaßnahmen zu messen und zu kontrollieren, bedarf es eines Controlling-Systems, das eine exakte monetäre Bewertung vornimmt. Die Vorstellung eines Performance Level Tracking erfolgt abschließend in Kapitel 14 und zeigt anhand von mehreren Performance Levels eine praktisch bewährte Messsystematik auf.

2. Der moderne Einkauf – geballte Kompetenz für Kostensenkung

Durch ein Höchstmaß an Transparenz auf den globalen Beschaffungsmärkten ist der Handlungsspielraum des Einkaufs enorm gestiegen. Jedoch ist die internationale Beschaffung nur ein Element des strategischen Einkaufs. Vielmehr ist unter der strategischen Komponente die langfristige und potenzialorientierte Ausgestaltung zu verstehen. Vor diesem Hintergrund ist die aktuelle Lage zahlreicher Einkaufsabteilungen nicht als „strategisch" zu bezeichnen. Maßgebliche Tätigkeiten, die sich mit der Leistungsgestaltung befassen, werden von anderen Abteilungen wahrgenommen. So ist der Einkauf kaum in die Produktentwicklung eingebunden, obwohl in dieser Phase bereits 80 Prozent der Produktkosten festgelegt werden. Bereits an diesem Beispiel lässt sich erkennen, dass die fehlende strategische Orientierung des Einkaufs fatale Folgen auf die Kostensituation des Unternehmens haben kann.

In seiner Funktion als strategischer Berater muss der Einkauf das Ziel verfolgen, permanent Kostensenkungspotenziale über den kompletten Wertschöpfungsprozess zu identifizieren. Dieses veränderte Selbstverständnis des Einkaufs erfordert ein neues Bild des Einkaufs in den betrieblichen Funktionsbereichen. General Electric hatte als Vorreiter dieser Entwicklung bereits in den 80er Jahren mit dem Aufbau von strategischen Einkaufsabteilungen begonnen. In Deutschland setzte sich diese Entwicklung in den großen Konzernunternehmen in den 90er Jahren zunehmend durch.

Zusammengefasst wird der Einkauf seiner strategischen Funktion gerecht, wenn sämtliche Möglichkeiten zur kosten-, logistik- und qualitätsoptimalen Beschaffung ausgeschöpft werden. Diese werden auch unter dem Schlagwort „Supply Chain" zusammengefasst. Dazu gehören u. a.

- Produktmaßnahmen: Produktvereinfachung, Wertanalyse und Standardisierung
- Produktionsmaßnahmen: Make-or-Buy-Analysen, Outsourcing
- Lieferantenmaßnahmen: Lieferantenoptimierung, Lieferantenkonzentration, Volumenbündelung sowie Entwicklungskooperationen

Das Bild des Einkaufs ist im Zuge des Paradigmenwechsels bestimmt durch die Ausrichtung des Betriebs auf die Beschaffungsmärkte. Der Arbeitsablauf durchläuft den strukturierten Management-Regelkreis von Planung, Umsetzung und Kontrolle.

Der Aufgaben- und Verantwortungsumfang von Einkaufsabteilungen wird drastisch zunehmen. Die reine Ausführung von Bestellungen gehört der Vergangenheit an. Der Einkauf etabliert sich als zentrale *„Schaltstelle"* für kostenoptimale Leistungserstellung und damit als eine der wichtigsten betrieblichen Funktionen.

Dieses Buch erläutert Grundzüge der Methode „CHEAP" (*Cost Handling Excellence at Procurement*), die vom Autor zur Senkung der Einkaufskosten aus einer praxisbezogenen Perspektive entwickelt wurde. In zahlreichen Beispielen werden Fälle aus der Management- und Beratungserfahrung des Autors sowie aktuelle praxisrelevante Einkaufsthemen aufgegriffen.

2.1 Verhandlungsführung – Einsparungen in Rekordzeit

Eine Vertragsverhandlung wird allgemein als Phase bis zur Einigung zweier oder mehrerer Parteien und ihrer gegenseitigen Willenserklärung definiert. Sie bildet das Rüstzeug für die tägliche Praxis jedes Einkäufers und gehört zu den Instrumentarien, die bei professioneller Anwendung zu den schnellsten Einsparungen führen können. Ebenso bilden Lieferantenverhandlungen im Rahmen von Performance-Programmen die effektivste Maßnahme zur Kostensenkung, wie auch die Aussage von Jürgen Marbach, Geschäftsführer der Fluggesellschaft LTU, zeigt: „Wir haben mit Flughäfen, mit Cateringfirmen und Zulieferern nachverhandelt und einen schönen zweistelligen Millionenbetrag gespart."[1] Da in Einkaufsverhandlungen oftmals entscheidende Fehler gemacht werden und dadurch hohe Einsparpotenziale ungenutzt bleiben, wird im Folgenden auf die Technik und Strategien der Verhandlungsführung eingegangen.

Die Verhandlung bedingt eine intensive sachliche, organisatorische, taktische und persönliche Vorbereitung aller beteiligten Mitarbeiter. Während der sachlichen Vorbereitung werden zunächst die Verhandlungsziele (Bedarfsspezifikation, -menge, Preisobergrenze) definiert und gewichtet. Anschließend wird für jedes Ziel eine fundierte Argumentationskette aufgebaut, die zur Durchsetzung der Ziele im Gespräch dient. Zusätzlich sollten die Verhandlungsziele und die Kostensituation der Lieferanten prognostiziert werden, um Gegenargumente zu finden. Bei der organisatorischen Vorbereitung wird festgelegt, ob der Einkäufer allein oder ob ein Buying-Team verhandelt und welche Personen an der Verhandlung teilnehmen sollen. Sollte eine Verhandlung mit einem Team angestrebt werden, müssen vorher alle Mitglieder des Teams auf den gleichen Informationsstand gebracht werden. Daneben ist es sinnvoll, Rollen und Argumente auf bestimmte Mitarbeiter zu verteilen. Ebenfalls zur organisatorischen Vorbereitung zählt die Wahl des Verhandlungsortes. Die taktische Vorbereitung geht der Frage nach, wie der Einkäufer oder das Team seine Argumente vorbringt. Die personelle Vorbereitung, die ebenfalls psychologische Grundsätze zu beachten hat, beschäftigt sich mit der Person des Verhandlungspartners. Im Wesentlichen sollen vor und während der Verhandlung Informationen über die Persönlichkeit, Motive und Charakterzüge gesammelt und verwertet werden. Diese Informationen können durch die Beobachtung des Körperbaus, der Körpersignale, der Freizeitbeschäftigung und Ausdrucksformen gewonnen werden. Um den

---

1 Süddeutsche Zeitung, Interview mit Jürgen Marbach, Nr. 194, 24.08.2006, S.25

Ansatz für die Verhandlungen festzulegen, gilt es zu untersuchen, wie intensiv die Beziehung zu jedem einzelnen Lieferanten ist und wie sich die Zusammenarbeit entwickelt hat. Aufschluss geben beispielsweise die Umsatzentwicklung und die Entwicklung der Marktanteile des Lieferanten in den relevanten Kategorien sowie im Gesamtmarkt. Von primärer Bedeutung ist jedoch die Positionierung des eigenen Unternehmens aus der Perspektive des Lieferanten, durch die sich die eigene Verhandlungsposition ermitteln lässt. Hierbei gilt es zu eruieren, ob das eigene Unternehmen für den Lieferanten ein A-, B- oder C-Kunde ist.

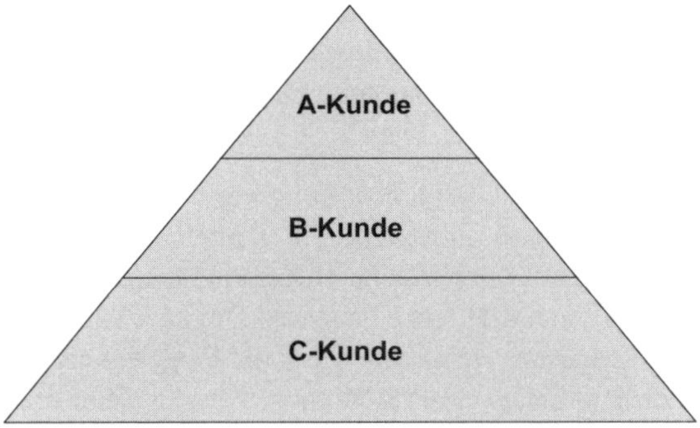

Abbildung 2: *Die Kundenpyramide aus Lieferantensicht*

Je nach Stellenwert lassen sich die Lieferanten dann in Toplieferanten (A-Kunde) und Lieferanten mit mittlerer (B-Kunde) oder geringerer Bedeutung (C-Kunde) unterteilen. Diese Zuordnung bestimmt schließlich den Verhandlungsansatz und damit auch die Intensität und Art der Vorbereitung.

Vorgehen

Bei Toplieferanten sollte die Verhandlung partnerschaftlich ausgerichtet sein und eine „Win-Win-Situation" angestrebt werden. Dazu hat sich ein Vorgehen in drei Schritten bewährt: Zunächst sollte die Ausgangssituation der Top-Lieferanten analysiert werden. Wie haben sich Umsatz, Marktanteile und Finanzsituation des Lieferanten entwickelt, welches sind seine strategischen sowie produkt- und absatzbezogenen Ziele? Gleichzeitig sind relevante Daten über die Geschäftsbeziehung zwischen Lieferant und Abnehmer zu erheben. Dazu zählen Umsatzanteile, Umsatzentwicklung sowie Marktanteile und -entwicklung. Mit diesem Wissen lassen sich im zweiten Schritt Ansätze zur Wertsteigerung für beide Verhandlungspartner definieren. Dabei sind insbesondere Maßnahmen zu entwickeln, die Vorteile für beide Seiten bringen. Im dritten Schritt schließlich ist zu entscheiden, welchen Beitrag die ausgewählten Hebel für Umsatz und Ergebnis leisten können. Wenn das Potenzial der Hebel quantifiziert ist, kann das Verhandlungsziel definiert werden und eine Verhandlungsstrategie entwickelt werden. Für die Gespräche selbst empfiehlt sich ein „Lieferanten-Marathon“. Dabei werden mit mehreren Anbietern in einem standardisierten Verfahren parallel Gespräche mit genau festgelegter Zielsetzung und Dauer geführt.

An die Vorbereitung schließt sich die Durchführung der Verhandlung an, die damit beginnt, dass dem Lieferanten ein Vertragsangebot übermittelt wird. Dieses Angebot prüft der Lieferant sorgfältig und stimmt es mit seiner Verkaufsstrategie ab. Dabei ergeben sich unterschiedliche Positionen zwischen Lieferant und Abnehmer, die in der Verhandlung aufgelöst werden müssen. Der Lieferant sendet dazu einen Problemkatalog zum Abnehmer zur Vorbereitung der ersten Gesprächsrunde. Die Beschaffung entwickelt auf Basis des Kataloges Lösungsstrategien und Argumente. Eine gemeinsame Verhandlungsrunde versucht dann, den Selling- und Beschaffungs-Mix aufeinander abzustimmen und möglichst nahe an die Preisuntergrenze des Lieferanten heranzukommen.

Trotz des Ziels, zu einer partnerschaftlichen Einigung zu kommen, werden natürlich die eigenen Verhandlungsziele mit dem notwendigen Verhandlungsdruck vertreten. Dementsprechend sollte identifiziert werden, über welche Hebel ein solcher Verhandlungsdruck möglicherweise aufgebaut werden kann. Hierbei kann das Buying-Team oder der Einkäufer eine Reihe psychologischer Werkzeuge einsetzen, wie z. B. Fragetechnik, Zuhören, Argumentieren, Spiegeln, Einwandbehandlung und Präsentation. Abschließend prüft jede Partei, ob der gefundene Kompromiss im Sinne einer Win-Win-Situation tragbar ist. Sollte die Prüfung negativ ausfallen, wird eine weitere Verhandlungsrunde angesetzt, die ebenfalls sorgfältig vorzubereiten ist.

In der Nachbereitung der Verhandlung werden alle Ergebnisse dokumentiert und die Vertragsunterzeichnung vorbereitet. Zusätzlich sollten die in der Verhandlung aufgetretenen Probleme analysiert und bewertet werden, um aus möglichen Fehlern zu lernen.

Argumentationstaktiken

Die Zielsetzung des Einkäufers ist es, mit dem Verhandlungspartner zu einer zufrieden stellenden Vereinbarung zu kommen. Diese erfordert jedoch, dass der Verkäufer für sein Unternehmen oder seine Person einen Nutzen in der Vereinbarung sieht. In einer Verhandlung muss daher der Nutzen klar und deutlich kommuniziert werden. Dabei lassen sich im Wesentlichen vier Nutzenkategorien unterscheiden:

- Wachstumspotenzial: Der Lieferant erhält die Chance, mit dem Abnehmer durch eine Erhöhung des Bestellvolumens zu wachsen.
- Preisdruck: Wenn der Kunde Umsatz verliert, muss auch der Lieferant Einbußen hinnehmen.
- Leistungsbewertung: Eine künftige Zusammenarbeit mit dem Lieferanten ist aufgrund der schlechten Leistung gefährdet.
- Optionenbetrachtung: Eine Preissenkung ist die günstigste Option für den Lieferanten.

Am Beispiel der Optionenbetrachtung sei kurz die Möglichkeit der Argumentationskette aufgezeigt: Ein Lieferant erwirtschaftet mit einem Kunden rund 10 Mio. Euro Jahresumsatz. Im Raum steht die Forderung einer pauschalen Preissenkung um 2,5 Prozent. Als Verhandlungspartner zeigen Sie dem Lieferanten drei Handlungsalternativen auf: Der Lieferant akzeptiert die Preissenkung. Der Lieferant bricht die Geschäftsbeziehung ab. Der Lieferant bricht die Geschäftsbeziehung ab und kompensiert den Verlust mit der Akquisition eines Neukunden.

- Der Nachlass von 2,5 Prozent stellt sich für den Lieferanten als beste Alternative heraus, weil er hierbei „lediglich" eine Marge von 250 TEUR einbüßt.
- In seiner zweiten Option könnte der Lieferant die Geschäftsbeziehung abbrechen mit dem Ergebnis, dass bei angenommenen 20 Prozent Fixkostenanteil am Umsatz eine Deckungslücke von 2 Mio. Euro entsteht (ungünstigste Alternative).
- Bei der dritten Option verliert der Lieferant den kompletten Umsatz, rechnet aber mit der Akquisition eines Neukunden. Dieser verursacht für Marketingaufwendungen, Vertrauensaufbau, Außendienst, Provision und Angebotskosten einen Aufwand von 300 TEUR: Der Lieferant verliert somit 3 Prozent Marge.

Wenn bei der Darstellung der eigenen Position bereits der Nutzen des Kunden kommuniziert wird, besteht nicht die Gefahr, Positionen zu polarisieren. Eine Polarisierung ist dann gegeben, wenn sich zwei Verhandlungspositionen scheinbar unüberbrückbar gegenüberstehen. Achten Sie nicht mehr auf die gegensätzlichen Positionen, sondern fokussieren Sie auf die Gemeinsamkeiten. Nennen Sie so wenige Argumente wie möglich und erwähnen Sie Ihr stärkstes Argument zuerst.

Die Anzahl der erforderlichen Argumente hängt vom Komplexitätsgrad der Verhandlung ab. In den meisten Verhandlungen reichen aber drei Argumente aus. Aus verhandlungstaktischen Gründen ist es sinnvoll, die drei wichtigsten Verhandlungsargumente zu selektieren und in die folgende Reihenfolge zu bringen:

1. Das wichtigste Argument
2. Das unwichtigste Argument
3. Das zweitwichtigste Argument

Das erste Argument sollte das stärkste Argument sein, um die entscheidende Aufmerksamkeit zu erregen. Der Verhandlungspartner ist zu diesem Zeitpunkt noch sehr aufmerksam und lässt sich durch dieses Argument den weiteren Verlauf aufbürden. Dadurch gerät der Einkäufer in eine Machtposition, die es ihm erleichtert, seine Zielsetzung zu realisieren.

Im Gesprächsverlauf empfiehlt es sich, die Argumentation des Verkäufers aufzugreifen. Dadurch wird dem Verhandlungspartner das Gefühl verliehen, dass der Einkäufer wirklich zuhört und interessiert ist. Anschließend gilt es, die Argumente des Verkäufers mit eigenen Argumenten zu einer gemeinsamen Lösung zu verbinden. Dadurch lässt sich die Wichtigkeit der Argumente steuern und nutzen.

Ungeschickte Verkäufer haben zahlreiche Argumente vorbereitet. Neben wirklich guten Argumenten umfasst ihr Verhandlungsrepertoire auch unwichtige Argumente. Einkaufsprofis stellen diese schlechten Argumente der Verkäufer als bedeutsam heraus. Sobald sich die Teilnehmer einig sind, dass gerade dieses Argument bedeutsam ist, sollte es widerlegt werden. Dadurch fallen die anderen guten Argumente der Verkäufer unter den Tisch und werden nicht mehr verhandelt. Dem Verkäufer sollte klar gemacht werden, warum ein bestimmtes Argument so bedeutsam auf dem gemeinsamen Weg zu einer zufrieden stellenden Vereinbarung ist. Eigene Argumente dürfen dabei nie selbst als „richtig" bezeichnet werden, da die Argumente des Gegenübers sonst im Vergleich als „falsch" oder erscheinen könnten.

2.2 Methoden zur Lieferantenanalyse – die Instrumente der Profis

Im Folgenden werden Instrumente vorgestellt, die Einkaufsprofis im Rahmen von Verhandlungen einsetzen. Dazu gehören:

- ABC-Analyse
- XYZ-Analyse
- LMN-Analyse
- Strategische Lieferantenanalyse
- Kalkulationsanalyse
- Target Costing
- Preisstrukturanalyse

Die Priorisierung der Lieferanten gehört zu den bedeutendsten Vorarbeiten für die Lieferantenverhandlungen und das -management. Im Rahmen des Lieferantenmanagements gilt es bei Auswahl und Betreuung, wesentlich mehr an Ressourcen in die Top-Lieferanten zu investieren statt in unbedeutende Lieferanten. Zur Eruierung der wichtigsten Lieferanten dienen einfache Analysemethoden, die bei aufbereitetem Datenmaterial in kurzer Zeit strategische und große Lieferanten in eine Rangfolge bringen. Als gängigste Methoden haben sich hierbei die ABC-, LMN- und XYZ-Analyse etabliert.

ABC-Analyse

Ziel der ABC-Analyse ist die Identifizierung der quantitativ größten Lieferanten. Nach Einkaufsvolumen priorisierte Lieferantenlisten verschaffen einen ersten Eindruck von der Verteilung des Einkaufsvolumens. Durch eine Kategorisierung der Lieferanten in große, mittlere und kleinere Lieferanten lässt sich in Kürze eine Fokussierung auf wenige Lieferanten herbeiführen. A-Lieferanten repräsentieren dabei 80 Prozent des Einkaufsvolumens, gefolgt von B- und C-Lieferanten, auf die 15 Prozent bzw. 5 Prozent des Beschaffungsvolumens entfällt.

Beschaffungs-funktion	Mögliche Auswahl-kriterien	Behandlung der A-Teile	Behandlung der C-Teile
Disposition	• Wert • Fehlmengenrisiko	• programmorientierte Bedarfsrechnung • aufwändige Bestellrechnung • niedrige Sicherheitsbestände • kurzer Anlieferungsrhythmus	• verbrauchsorientierte Bedarfsrechnung • vereinfachte Bestellrechnung • hohe Sicherheitsbestände • langer Anlieferungsrhythmus
Beschaffungs-markforschung	• Wert • Konjunktur und Substitutionssensibilität	• Beobachtung aller Objekte • Benutzung vieler Informationsquellen	• starke Beschränkung in den Objekten und Informationsquellen
Wertanalyse	• Wert • Substitutionssensibilität	• Durchführung	• keine Durchführung
Bestellabwicklung	• Wert • Fehlmengenrisiko	• gründliche Bestellvorbereitung und –durchführung • strenge Terminkontrolle • genaue Rechnungsprüfung • exakte Qualitäts- und Quantitätsprüfung	• vereinfachte Bestellabwicklung • Einschränkung oder Verzicht auf Terminkontrollen, Rechnungsprüfung, Qualitätsprüfung

Abbildung 3: *Anwendungsmöglichkeiten der ABC-Methode*[2]

In der Einkaufspraxis lässt sich eine signifikante Konzentration des Beschaffungsvolumens auf eine zumeist geringe Zahl von Lieferanten feststellen. Bei einem mittelständischen Anlagenbauer für die Getränkeindustrie entfallen beispielsweise 80 Prozent des Einkaufsvolumens auf knapp 20 Prozent der größten Lieferanten. Diese als Pareto-Prinzip bekannte Konstellation ist mehr oder weniger ausgeprägt branchenübergreifend zu finden.

2 Vgl. Arnolds, Heege, Tussing: Materialwirtschaft und Einkauf, Wiesbaden, 1998, S. 42

XYZ-Analyse

Bei der XYZ-Analyse wird die Bedarfsprognostizierbarkeit und damit die Bestellhäufigkeit beim Lieferanten auf definierte Zeiträume aufgeteilt. Ziel der XYZ-Analyse ist es, die Kontinuität der Bestellungen eines Lieferanten aufzuzeigen. Die Klassifizierungen X, Y und Z repräsentieren die Schwankungsbreite bei den Bestellungen.

Klassifizierung	Verbrauch	Prognostizierbarkeit
X	Konstant, kaum Schwankungen	Hoch
Y	Stärkere Schwankungen, oft saisonal bedingt	Mittel
Z	Hohe Schwankungen	Gering

Tabelle 1: *XYZ-Analyse*

Durch die Kombination der ABC- mit der XYZ-Analyse können fundierte Aussagen über das Management von Beschaffungsobjekten getroffen werden. Dazu bedient man sich einer zweidimensionalen Kombinationsmatrix, in der die Analyse-Methoden mit den Kriterien Wesentlichkeit und Verbrauchsverhalten dargestellt werden. Abbildung 4 skizziert diesen Sachverhalt.

Wert-Vorhersage-Genauigkeit	A-Teile	B-Teile	C-Teile
X-Teile	deterministische Sekundärbedarfsermittlung und terminbezogene Beschaffungsauslösung	fallweise wie A- oder C-Teile	stochastische Sekundärbedarfsermittlung und terminbezogene Beschaffungsauslösung
Y-Teile	deterministische Sekundärbedarfsermittlung und bestands- und bedarfsbezogene Beschaffungsauslösung	fallweise wie A- oder C-Teile	stochastische Sekundärbedarfsermittlung und termin- und/ oder bestandsbezogene Beschaffungsauslösung
Z-Teile	deterministische Sekundärbedarfsermittlung und bedarfsbezogene Beschaffungsauslösung	fallweise wie A- oder C-Teile	stochastische und/oder deterministische Sekundärbedarfsermittlung und bedarfs- und/ oder bestandsbezogene Beschaffungsauslösung

Abbildung 4: *Kombinationsmatrix der ABC/XYZ-Analyse*[3]

3 Vgl. Härdler: Material-Management, München, 1999, S. 61

LMN-Analyse

Anhand des Abgrenzungskriteriums Volumen bzw. Sperrigkeit lässt sich Material ebenfalls klassifizieren. Die LMN-Analyse wird vorrangig dann benötigt, wenn Lagervolumina oder Transportkapazitäten dimensioniert oder gesteuert werden müssen. Dabei klassifiziert man das Material in drei Gruppen (LMN):

L = großvolumige Teile

M = mittelvolumige Teile

N = kleinvolumige Teile

Strategische Lieferantenanalyse

Strategische Lieferanten sind nicht eindeutig definiert. In Abhängigkeit der Branchenzugehörigkeit werden strategische Lieferanten anhand von unterschiedlichen Kriterien identifiziert. Generell sind Lieferanten jedoch als strategisch einzustufen, wenn:

- sie ein für das Endprodukt erfolgskritisches Bauteil oder Modul liefern,
- keine oder wenige Substitutionsmöglichkeiten für das Vorprodukt existieren,
- keine oder wenige Alternativlieferanten auf dem Beschaffungsmarkt vorliegen,
- ein Lieferantenwechsel mit hohen Aufwendungen verbunden ist,
- Entwicklungs- und Wertschöpfungspartnerschaften oder sonstige Kooperationen mit dem Lieferanten vorliegen.

Stärken-Schwächenprofil

Aus dieser Kategorisierung lässt sich eine Optionenmatrix erstellen, die den Handlungsspielraum für Verhandlungen aufzeigt. Die Ausprägungen je Konstellation können direkt abgeleitet werden.

1. Hebelverhältnis
   Der Lieferant verfügt über eine schlechte Verhandlungsposition und hat auf die Forderungen seines Kunden weitgehend einzugehen. Da es unter den Lieferanten regen Wettbewerb gibt und das entsprechende Beschaffungsobjekt substituierbar ist, ist der Lieferant dem Preiskampf direkt ausgesetzt. Preisreduktionen lassen sich bis zur Deckung der Produktkosten vornehmen. Bei einem großen Bestellvolumen und einer hohen Abhängigkeit des Lieferanten vom Kunden darf der Lieferant infolge von Preissenkungen nicht in seiner wirtschaftlichen Existenz gefährdet werden. Entsprechende Beispiele aus der Automobilindustrie belegen, dass zahlreiche Zulieferunternehmen aufgrund zu hoher Preisforderungen ihrer Kunden in die Insolvenz getrieben wurden mit der Folge, dass es wegen fehlender Alternativlieferanten zu Lieferengpässen kam.

2. Kritisches Verhältnis
   In dieser umgekehrten Konstellation gestaltet sich die Verhandlungsposition des Abnehmers sehr schwierig. Der Lieferant nimmt in einem monopolistischen oder oligopolistischen Umfeld eine dominierende Marktstellung ein, die es ihm erlaubt, signifikante Preiserhöhungen beim Abnehmer durchzusetzen. Ziel des Einkaufs muss es sein, eine gute Lieferanten-Abnehmer-Beziehung aufzubauen und zu pflegen. So verfügen beispielsweise Spezialchemikalienhersteller in Nischenmärkten über ein hohes Drohpotenzial, da es aufgrund der hohen Materialspezifikation und der überschaubaren Anbieterstruktur nahezu keine Alternativen bei Lieferant oder Material gibt.

3. Strategisches Verhältnis
   Hierbei kommt sowohl dem Abnehmer als auch Lieferanten eine strategische Bedeutung in der Lieferbeziehung zu. Durch die hohe Abhängigkeitsbeziehung verfügen beide Partner über eine hohe Motivation zu einer Kooperation bzw. Bindung, um eine Kontinuität der Lieferbeziehung herbeizuführen. In der Praxis lässt sich die langfristige Kooperation durch entsprechende Liefervertragszeiten absichern. Von großer Bedeutung sind auch Entwicklungspartnerschaften zur Festigung der Zusammenarbeit. Dabei werden Entwicklungsaufgaben des Abnehmers an den Lieferanten delegiert.

4. Indifferentes Verhältnis
   Liegt Indifferenz vor, hat keiner der Vertragspartner ein großes Interesse, die Lieferbeziehung fortzuführen. Der Lieferant kann seine standardisierten Güter mit überschaubarem Aufwand aufgrund des Marktpotenzials bei zahlreichen anderen Kunden absetzen. Umgekehrt gibt es für den Kunden zahlreiche weitere Lieferanten, die das Produkt zu gleichen oder günstigeren Konditionen liefern können.

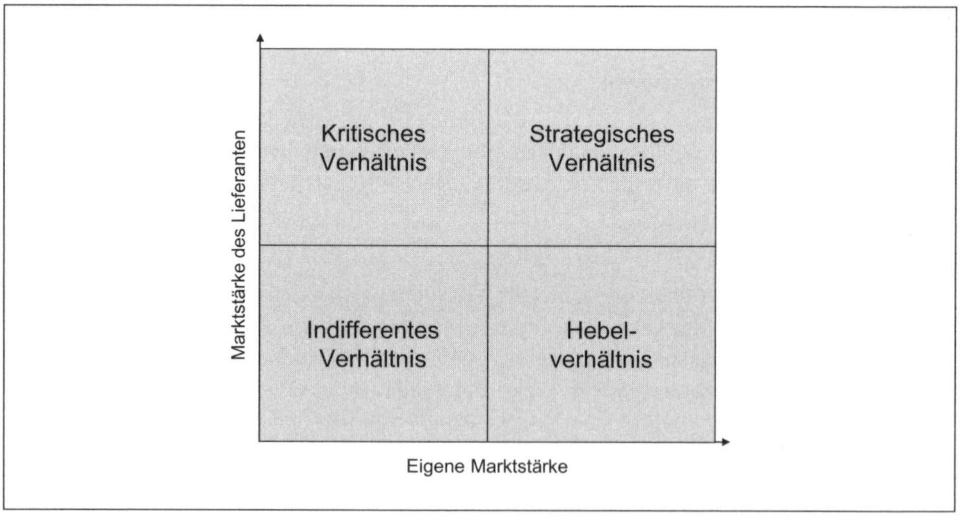

Abbildung 5: *Marktstärken-Matrix*

Kalkulationsanalyse des Lieferanten

Für die Vorbereitung von Lieferantenverhandlungen ist ein Einblick in die Kalkulationsgrundlagen des Lieferanten sehr nützlich. Preisforderungen können nur bei einem Verständnis der Kostenstruktur gestellt werden. Aufgrund der Sensibilität derartiger Daten ist es jedoch dem Abnehmer zumeist nicht möglich, fundierte Informationen über die innerbetrieblichen Kosten des Lieferanten zu sammeln. Als einfache Möglichkeit erweist sich dabei die Degressionsformel. Diese erlaubt anhand der Parameter Stückzahl und Preis eine Annäherung an die fixen (F) und variablen (Var) Stückkosten.

Preis 1 (je Einheit)	**P[1]**
Stückzahl 1	**S[1]**
Preis 2 (je Einheit)	**P[2]**
Stückzahl 2	**S[2]**
Fixkosten	**F**
Variable Kosten	**Var**

$$P[1] = \frac{F + Var*S[1]}{S[1]} \qquad Var = \frac{P[2]*S[2] - P[1]*S[1]}{S[2] - S[1]}$$

$$P[2] = \frac{F + Var*S[2]}{S[2]} \qquad Fix = P[1]*S[1] - Var*S[1]$$

Formel 1: *Die Degressionsformel*

Im nachstehenden Beispiel wurden zwei Angebote für eine Spezialverpackung aus Glas des identischen Lieferanten eingeholt. Das erste Angebot sieht einen Preis von jeweils 5 Euro für 1.000 Verpackungseinheiten vor; das zweite Angebot beläuft sich auf 3,50 Euro bei einem Auftragsvolumen von 2.000 Verpackungseinheiten.

$$Var = \frac{3{,}50 \text{ x } 2.000 - 5 \text{ x } 1.000}{2.000 - 1.000}$$

$Var = 2$

$Fix = 5 \text{ x } 1.000 - 2 \text{ x } 1.000$

$Fix = 3.000$

Daraus ergeben sich variable Kosten von 2 Euro pro Verpackungseinheit sowie Fixkosten von 3.000 Euro. Der Degressionseffekt, also der Preisrückgang bei doppelter Stückzahl beträgt 30 Prozent.

In diesem Ansatz sind noch keine sogenannten Lernkurveneffekte enthalten. Darunter sind zusätzliche Preiseffekte zu verstehen, die durch effizientere und damit kostengünstigere Produktionsverfahren bei zunehmender Ausbringungsmenge entstehen. Die Lernkurventheorie ist branchenübergreifend anwendbar. Können diese Kostenpotenziale an den Kunden nicht weitergegeben werden, liegen weitere verdeckte Preispotenziale vor.

Target Costing – Ermittlung der Preisobergrenze

Während die traditionelle Kostenermittlung eine Aussage zu den künftigen Produktkosten macht, erteilt die Target-Costing-Theorie eine Antwort auf die Frage, wie viel ein Produkt kosten darf, wenn es den Kundenwünschen entspricht. Die Entwicklung eines Produktes hat somit den Anspruch, die Kundenwünsche in optimaler Weise zu befriedigen. Ziel des Target Costings ist zunächst die Bestimmung der maximal erlaubten Produktkosten oder Target Costs. Diese werden durch die Subtraktion von Zielverkaufspreis (Target Price) und geplantem Gewinn (Target Margin) errechnet. Unter Zielkosten sind die vom Markt erlaubten Kosten zu verstehen (Allowable Costs). Diesen werden die Standardkosten (Drifting Costs), die die gegenwärtige Kostenstruktur repräsentieren gegenübergestellt. In der betrieblichen Praxis ergibt sich daraus in der Regel ein Reduktionsbedarf, der durch entsprechende Aktionen erfüllt werden muss.

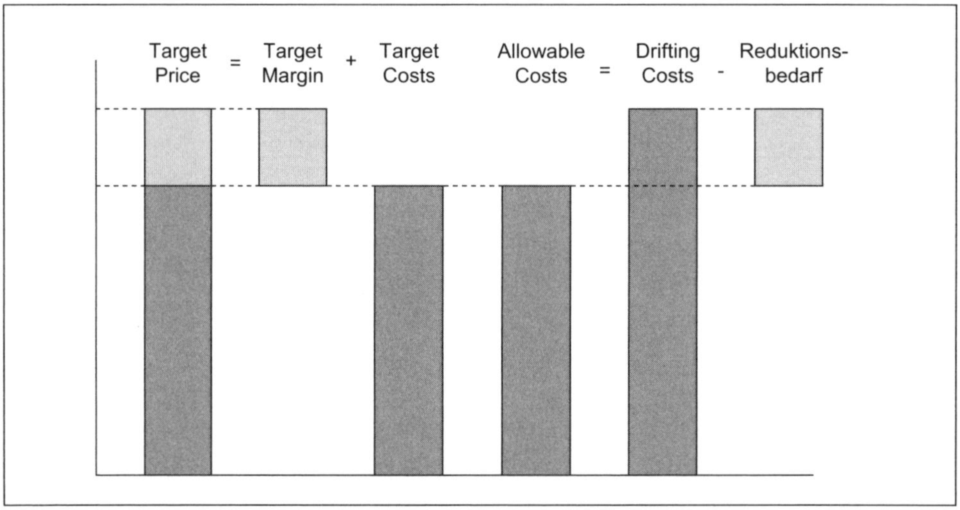

Abbildung 6: *Ermittlung des Target Price*

Für den Einkauf ergeben sich durch die Target-Costing-Methode mehrere Vorteile. Beispielsweise leitet sich für den Einkauf ein objektiver und detaillierter Anforderungskatalog ab. Vor diesem Hintergrund werden die Identifikation sowie Verhandlungen mit neuen Lieferanten deutlich erleichtert, da technische Eigenschaften sowie der Kosten- und Preisrahmen der einzelnen Beschaffungsgüter definiert sind. Darüber hinaus können Make-or-Buy-Entscheidungen aufgrund des dezidierten Anforderungskataloges effizienter gefällt werden.

Schließlich können durch die Fixierung der Zielkosten in einer frühen Produktentwicklungsphase Zulieferer leichter in den Entwicklungsprozess integriert werden. Dadurch lassen sich Qualitätssteigerungs- und Kostensenkungspotenziale besser realisieren.

Vorgehensweise

Grundlage des Target Costings ist die Idee für ein neues Produkt. Bei der Beschaffungsmarktforschung werden Zielkunden zu Clustern zusammengefasst, die sich durch gleichartige Ausprägungen im Hinblick auf Produktanforderung und -eigenschaften auszeichnen. Im Anschluss wird ein wettbewerbsfähiger Marktpreis (Target Price) abgeleitet. Darin sind sowohl die Gewinnmarge als auch die Produktkosten enthalten. Vom Zielpreis wird zunächst die Gewinnmarge subtrahiert, woraus sich die Zielkosten ergeben. Diese Größe ist identisch mit den erlaubten Produktkosten (Allowable Costs).

Zusätzlich zum Marktpreis werden auch die Anforderungen und Erwartungen der Kunden an die Produkteigenschaften im Rahmen von Marktstudien ermittelt. Für ein Mobiltelefon könnten dies sein: Funktionalität, Design und Gewicht. Diese Eigenschaften werden durch verschiedene Bauteile des Mobiltelefons erfüllt. Man ordnet den Komponenten einen Nutzenanteil zu. Daraus entstehen sogenannte Nutzenteilgewichte der Komponenten. Weiter sind die Anteile zu eruieren, die die Bauteile an der Umsetzung der Eigenschaften haben. Darauf aufbauend werden die Komponentenfunktionsanteile mit dem Kundennutzen der Eigenschaften multipliziert.

Bei der Zielkostenspaltung werden die Gesamtkosten des Produktes den einzelnen Komponenten des Produktes zugeordnet. Dabei ist es von Bedeutung, die anfallenden Kosten entsprechend dem empfundenen Kundennutzen zu verteilen. Die Zielkosten einer Komponente errechnen sich durch Zurechnung der vom Markt erlaubten Kosten zu den einzelnen Komponentennutzen. Durch den Vergleich der Zielkosten der einzelnen Komponenten mit den Standardkosten ergeben sich aus den zumeist negativen Abweichungen (Drifting Costs) Kostenreduktionsbedarfe. Werden im nächsten Schritt Zielkosten und Komponentennutzen multipliziert, ergeben sich die Zielkosten für die einzelnen Komponenten.

Preisstrukturanalyse

Mit Hilfe der Preisstrukturanalyse wird der Einstandspreis eines Beschaffungsgutes mit dem Ziel untersucht, die Kalkulation des Lieferanten nachzuvollziehen. Dieses Werkzeug eignet sich sowohl als Druckmittel in Einkaufsverhandlungen als auch als Instrument, um dem Lieferanten Einspar- und Optimierungspotenziale aufzuzeigen. Ebenso dient die Preisstrukturanalyse als Selektionsinstrument von möglichen Lieferanten im Rahmen von Ausschreibungen. Durch die Aufspaltung der Produktkosten in ihre Bestandteile lassen sich Kostenvergleiche zwischen Lieferanten noch effizienter und detaillierter durchführen.

Projektteil	**Vertriebsvorgabe**	**Lieferant 1**	**Lieferant 2**
Abfüllanlage	1.500.000	1.600.000	1.400.000
Elektronik	100.000	40.000	150.000
Ersatzteile	50.000	-	100.000
Transport	5.000	5.000	10.000
Wartung	100.000	-	100.000
Gesamtwert	**1.755.000**	**1.645.000**	**1.760.000**

Preise in EUR

Tabelle 2: *Beispiel zur Preisstrukturanalyse*

Dabei werden die einzelnen Kosten- und Gewinnbestandteile eines Beschaffungsobjektes getrennt nach Einzel- und Gemeinkosten analysiert. Die Preisstrukturanalyse wird in der Praxis meist als Vollkostenrechnung durchgeführt, d. h., dass alle fixen und variablen Kosten auf das Beschaffungsobjekt umgelegt werden. Grundgedanke dieser Überlegung ist, dass ein Lieferant nur dann seine Wettbewerbsfähigkeit erhalten kann, wenn er alle anfallenden Kosten über den Verkaufspreis abdeckt.

Als Sonderform der Preisstrukturanalyse gilt das Linear Performance Pricing (LPP). LPP ermittelt die Angemessenheit von Preisen bei Komponenten/Modulen, indem die Preise auf eine quantifizierbare Größe bezogen werden, die das zu bepreisende Teil definiert. Somit ist LPP eine Regressionsanalyse für den Einkauf. Dabei werden in der praktischen Anwendung Preis und Leistung gegeneinander regressiert. Durch den Vergleich von definierten Produkt-Merkmalsausprägungen zum Preis eines Produktes innerhalb einer Produktfamilie lassen sich Kostensenkungspotenziale ermitteln und Kostenschätzungen für Neuentwicklungen ableiten.

Linear Performance Pricing gliedert sich in der praktischen Anwendung in drei Phasen:

1. Analyse der Preisausprägungen einer Komponente (Analysephase)
2. Erarbeitung von Verbesserungszielen (Optimierungsphase)
3. Verhandlungen zwischen Lieferant und Kunde (Verhandlungsphase)

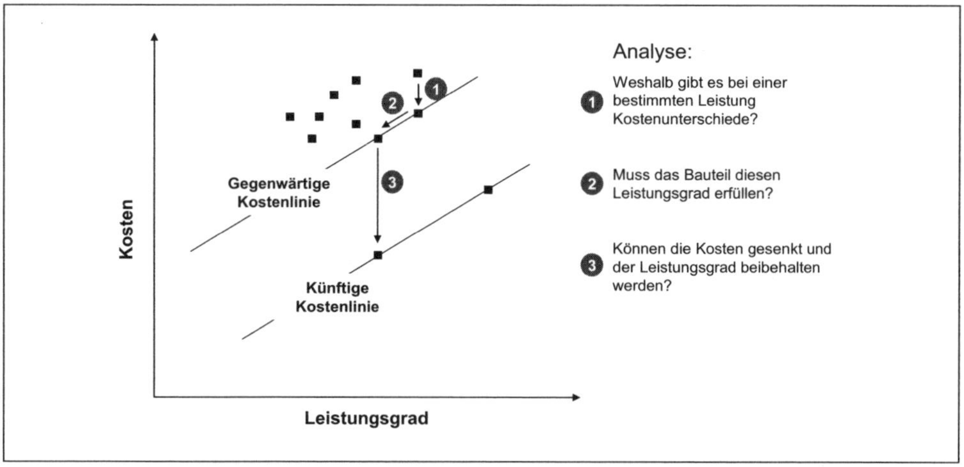

Abbildung 7: *Linear Performance Pricing*

In der Analysephase werden die Preise für identische Komponenten in einer Grafik dargestellt. Dabei bildet die x-Achse den Leistungsgrad, die y-Achse die Kosten ab. Weichen beispielsweise bei gleichem Leistungsniveau die Preise für eine Komponente erheblich ab, bestehen Ansatzpunkte für Preissenkungspotenziale. Besonders hohe Abweichungen nach oben sind Streichkandidaten, nach unten die Best-Practice-Objekte, welche die neuen Richtpreise festlegen.

Die anschließende Optimierungsphase umfasst die Zusammenarbeit zwischen Einkäufer und Lieferant. Hierin werden die Ursachen für die Abweichung geklärt sowie Verbesserungsvorschläge initiiert. In der Praxis stellen sich überwiegend Überspezifizierungen sowie zusätzliche Funktionseigenschaften bei Komponenten heraus, die unkritisch für den Erfolg des Produktes sind. Zielsetzung der abschließenden Verhandlungsphase ist die Erreichung von Preisnachlässen aufgrund der vorher gewonnenen Erkenntnisse.

Fallstudie 1:
Ein Haushaltsgerätehersteller senkt Verpackungskosten

Die Kosten für eine bestehende Geräteverpackung bei einem Haushaltsgerätehersteller sollten um 5 Prozent gesenkt werden. Im Rahmen der Linear Pricing Performance wurden die Leistungs- und Funktionsniveaus verschiedener Angebote deren Kosten in einer Regressionsmatrix gegenübergestellt. Das Beschaffungsteam hat erkannt, dass die Verpackungskosten durch Änderungen am Produkt deutlich reduziert werden konnten. Gleichzeitig wurden Transportschäden reduziert. Die Materialkosten wurden minimiert, indem Stützpolster entfernt und die Faltschachtel verkürzt wurde. Nach zwei Verhandlungsrunden mit dem Lieferanten konnte eine Aufwandreduzierung um 10 Prozent pro Jahr ausgewiesen werden.

Fallstudie 2: Materialpreissenkungen durch Änderung des Gießverfahrens

Ein Druckmaschinenhersteller bezog hochspezifizierte Alugehäuse im Kokillenguss. Für diese Komponente musste ein aufwendiges Gusswerkzeug eingesetzt werden, das die engen Toleranzen einhalten konnte. In einer ersten Phase erfolgte eine Umstellung von Sand- auf Kokillenguss. Diese Änderung ermöglichte ein anderes Giessverfahren, da auf diese Weise die hohen Nachbearbeitungskosten reduziert werden konnten. Zudem waren die Radien nicht vollkommen erforderlich, und es lagen überspezifizierte Anforderungen vor. In Kooperation mit dem Lieferanten wurde ein neues Alugehäuse konstruiert, das die neuen Anforderungen vollständig erfüllte und dabei von deutlich geringerer Komplexität gekennzeichnet war. Der Materialpreis konnte mit dieser Maßnahme um 15 Prozent gesenkt werden.

2.3 Produktmaßnahmen – Kostensenkung durch technische Hebel

Im Mittelpunkt jeglicher Lieferanten-Abnehmer-Beziehungen steht das Produkt. Dieses eröffnet zahlreiche technische Hebel und Möglichkeiten zu Kostensenkungen. Dabei haben sich in der Praxis primär die Methoden Wertanalyse, „Design to cost“, Plattformstrategie sowie die Standardisierung etabliert. Diese werden im Folgenden mit zahlreichen Praxisbeispielen betrachtet.

Wertanalyse

Ziel der Wertanalyse ist es, die Produkte und Prozesse des Unternehmens so zu verbessern, dass Kosten reduziert werden und gleichzeitig die Marktanforderungen erfüllt werden. Die Stärke der Wertanalyse ist, dass sie nützliche Methoden der Produkt- und Prozessplanung unter einer Systematik zusammenführt und pragmatisch anwendet. Sie hilft, vor allem in Funktionen und in Wert zu denken. Dadurch wird eine konsequente Markt- und Preisorientierung gefördert. Eine systematische Vorgehensweise beinhaltet auch Kreativitätstechniken. Ferner erfordert die Wertanalyse ein abteilungsübergreifendes Team, das seine individuellen Erfahrungen, Sichtweisen und Kenntnisse einbringt.

Die Wertverbesserung hat sich als spezielle Methodik zur Optimierung des Produktwertes etabliert. Der Verband deutscher Ingenieure definiert den Begriff wie folgt:

„Die Wertanalyse ist ein systematisches Verfahren, das die Aufgabe hat, solche Kosten eines Produkts oder eines Prozesses aufzuspüren, die weder der Qualität, dem Gebrauch, der Lebensdauer, dem Ansehen noch der Verkaufskraft des Produkts etwas nützen.“[4]

Das System Wertanalyse ist in der DIN 69910 genormt. Dort sind die drei zentralen Elemente Methode, Management und Verhaltensweisen der Personen, die eine Wertanalyse durchführen, dargestellt und festgelegt.

Die Durchführung eines Wertanalyse-Projekts gliedert sich in folgende Punkte: Im ersten Arbeitsgang erfolgt eine dezidierte Beschreibung des Produktes sowie des Konsumentennutzens, um Veränderungsmöglichkeiten zu identifizieren. Hierbei gilt es, sämtliche Produkteigenschaften genau zu hinterfragen und auf mögliche Alternativen zu überprüfen. Im zweiten Schritt sind die Kosten aller Elemente zu berücksichtigen. Schließlich werden Alternativen identifiziert, die identischen Nutzen und Funktionalität gewährleisten. Hierbei sind Sachverstand und Ideenreichtum von besonderer Bedeutung. Mögliche Alternativen für Komponenten werden abschließend einer Kostenbetrachtung unterzogen, um konkrete Einsparpotenziale abzuschätzen.

Der wesentliche Schritt der Wertanalyse besteht in einer Änderung der Perspektive hin zur Nutzensicht. Dabei wird ein Produkt mit den Augen des Kunden gesehen und dessen Anforderungen werden in den Vordergrund gestellt. Die folgenden vier Fallstudien zeigen exemplarisch das Vorgehen sowie Ergebnisse von Wertanalyse-Projekten:

Fallstudie 1: Kostensenkungen bei einem Kosmetikhersteller

Aufgrund der steigenden Nachfragemacht des Einzelhandels wurde das Unternehmen in den vergangenen Jahren mit drastischen Umsatzeinbrüchen konfrontiert. Darüber hinaus mussten im Rahmen der Kaufzurückhaltung der Konsumenten erhebliche Absatzrückgänge hingenommen werden. Die Produktlebenszyklen waren durch eine erhebliche Verkürzung charakterisiert; der Handel reagierte mit häufigen Sortimentswechseln. Durch Trendartikel versuchte man, den Bedürfnissen der Verbraucher entgegenzukommen. Die Neueinführung von Produkten war jedoch sowohl für den Handel als auch insbesondere für den Kosmetikhersteller mit erheblichen Kosten verbunden. Bereits die Entwicklung neuer Produkte verursachte durch eine Vielzahl von vorgeschriebenen Tests und Versuchsverfahren signifikante Aufwendungen. Weitere Kosten entstanden durch die Umstellung der Produktion, die Schulung des Vertriebs sowie durch Verwaltungsaufwendungen.

Das Beispielsunternehmen hat dieses äußerst widrige Umfeld als Chance für eine neue Positionierung genutzt. Der Umsatz ging von 2003 bis 2005 um durchschnittlich 4 Prozent zurück. Darüber hinaus wurde das Unternehmen durch steigende Rohstoffpreise weiter in eine Defensivposition gedrängt. Für eine erfolgreiche Platzierung der Produkte im Markt wurden zunächst im Zuge eines Handelspanels die voraussichtlichen Endverbraucherprei-

4 Vgl. www.business-wissen.de/baustein

se eruiert. Nach einem Abzug der Handelsspanne ließen sich der Abgabepreis an den Einzelhandel berechnen und darauf basierend die Zielkosten des Herstellers ermitteln. Das Resultat war, dass im geplanten Wachstumsmarkt der Spezialpflegemittel die notwendigen Abgabepreise an den Handel im Rahmen der bisherigen Kostenstruktur des Handelsmarkenherstellers um rund 15 Prozent überschritten wurden. Die Zielkosten bestehen dabei aus den Materialeinzel- und Materialgemeinkosten sowie Fertigungseinzel- und Fertigungsgemeinkosten zuzüglich des avisierten Aufschlags. Aufgrund eines Materialkostenanteils von knapp 70 Prozent wurde ein Projekt initiiert, das auf eine Materialkostensenkung von 20 Prozent abzielte.

Die erste Projektphase beinhaltete die marktorientierte Kostenbetrachtung. Um die kundenseitigen Anforderungskosten zu identifizieren, mussten nachstehende Fragen gestellt werden:

- Welche Basisanforderungen setzt der Kunde voraus, und welche Kosten sind damit verbunden?
- Welche Leistungsanforderungen werden vom Kunden gestellt, und welche Kosten sind damit verbunden?
- Was löst beim Konsumenten Begeisterung aus, und welche Kosten sind damit verbunden?

Basisanforderungen müssen grundsätzlich von allen Marktakteuren erfüllt werden. Der eigentliche Differenzierungsspielraum liegt in den Leistungs- und Begeisterungsanforderungen. Die Basisanforderungen der Hautcreme liegen in der Pflege der Haut. Die Differenzierung liegt jedoch in darüber hinausgehenden Eigenschaften der Creme. Neben der Pflege galt die Versorgung der Haut mit dem Wirkstoff Aloe vera als kaufentscheidendes Kriterium. Die Entwicklungsabteilung war also einerseits damit konfrontiert, sämtliche Basisanforderungen zu decken, aber auch mit Zusatzeffekten den Kunden zu faszinieren.

Als Beispiel für die Kostenreduzierung beim Einsatz der Zusatzstoffe lässt sich der „Q10-Effect“ anführen, der die Geschmeidigkeit der Haut fördern sollte. Eine Kundenbefragung ergab jedoch, dass der „Q10-Effect“ die Kaufentscheidung nur geringfügig beeinflusst. Dieser verursachte jedoch durch den Zusatz spezieller chemischer Substanzen hohe Zusatzkosten in der Rezeptur. Es bedarf eines zusätzlichen chemischen Verfahrens, den erforderlichen Grundstoff beizumengen. Da der Beschaffungsmarkt für den Grundstoff ferner von wenigen großen Lieferanten geprägt ist, gab es kaum Verhandlungsspielräume für den Kosmetikhersteller. Die erste Maßnahme bestand also in einer Eliminierung des „Q10-Effects“ und einer Vereinfachung der Rezeptur. Allein dadurch konnten die Einkaufskosten bereits um knapp 10 Prozent reduziert werden. In einem weiteren Schritt wurden die Packmittel, auf die ein Kostenanteil von weiteren 20 Prozent entfällt, analysiert. Die Cremes wurden in speziellen Keramiktiegeln mit einer Sonderform abgefüllt. Ferner bestanden die Etiketten aus einem reißfesten Material. Wie die Verbraucherbefragung ergab, bestand bei der überwiegenden Mehrheit der Konsumenten Gleichgültigkeit in Bezug auf die Verpackungsgestaltung. Ferner stellte sich auch das Etikettenmaterial als kein kaufentscheidendes Kriterium heraus. Beide verursachten jedoch aufgrund der Sonderanfertigung sowie der höherpreisigen Eigenschaften Zusatzkosten. Durch den Bezug eines serienmäßigen Standardtiegels des Packmittelherstellers sowie einfacher, jedoch qualitätsidentischer Etiketten wurden weitere Einsparungen erzielt. Bei den Verpackungen konnte im Rahmen der Umstellung ein Preisrückgang von 5 Prozent, bei den Etiketten um weitere 2 Prozent erzielt werden. In der Gesamtheit führten also die Maßnahmen zu einer Senkung der Materialkosten um 17 Prozent. Die Zielkosten wurden somit erreicht und die Zielmarge konnte zudem noch um zwei Prozentpunkte ausgebaut werden. Weitere zwei Prozent konnten an den Einzelhandelskunden durchgereicht werden, wodurch ein erheblicher Anstieg des Umsatzes zustande kam. Im folgenden Geschäftsjahr erhöhte sich der Absatz um 30 Prozent.

Fallstudie 2: Bauteilanalyse bei einem Heizungshersteller

Ein mittelständischer Heizungshersteller mit 1.200 Mitarbeitern war infolge der verschärften Wettbewerbssituation mit einer Ertragskrise konfrontiert. Im Rahmen eines Einkaufsprojektes zur Senkung der Beschaffungskosten wurde eine Wertanalyse durchgeführt. In mehreren Workshops, die mit funktionsübergreifenden Teilnehmern aus den Bereichen Konstruktion, Einkauf, Produktion und Marketing besetzt waren, identifizierte man zunächst die Rückwand der Heizung, die aus Edelstahl sowie einer aufwendigen Industrielackierung bestand, als kritisches Bauteil. Durch die weltweit massive Nachfrage nach Stahl lagen die Kosten dafür auf einem historischen Höchststand. Die Rückwand des Heizgerätes stellte sich jedoch aufgrund der fehlenden Sichtbarkeit weder als ästhetischer noch als funktionsunterstützender Faktor heraus. Sie sollte sich lediglich durch Materialfestigkeit auszeichnen. Nach einer technischen Planungsrunde identifizierte man den Werkstoff Feinblech als ideale Alternative. Erste Lieferantenanfragen ergaben ein Einsparpotenzial von 30 Prozent für das Bauteil. Darüber hinaus konnten durch den Wegfall der Lackierung erhebliche Material-, Prozess- und Bearbeitungskosten eingespart werden.

Design to cost – Einsparungen durch abteilungsübergreifende Teams

In der überwiegenden Zahl von Industrieunternehmen sind die Funktionsbereiche Konstruktion und Einkauf voneinander getrennt. Der Austausch zwischen den Abteilungen findet zumeist nur sporadisch statt. Dieses Ressortdenken führt jedoch zu neuen Entwicklungen, die oftmals die Situation am Beschaffungsmarkt nur rudimentär berücksichtigen. Dadurch werden in der so bedeutenden Entwicklungsphase Fehlentwicklungen eingeleitet, die sich in einer späteren Serienfertigung äußerst negativ auf die Kostensituation auswirken können. Um diese Situation zu verhindern, kooperiert der fortschrittliche Einkauf mit Konstruktion, Produktion und Vertrieb in abteilungsübergreifenden Teams. Diese Zusammenarbeit erfolgt nicht nur punktuell, sondern umfasst das gesamte Einkaufsvolumen und integriert darüber hinaus

Zulieferbetriebe. In der Industrie werden rund 70 Prozent der Herstellungskosten von der Konstruktion festgelegt. Eine erhöhte Form der Fixierung sind hierbei die konventionell angewandten Werksnormen. Dadurch werden aus einfachen Bauteilen Sonderspezifikationen, die über ein hohes Maß an unnötiger Komplexität verfügen und die Produktkosten erhöhen. In zahlreichen Kostensenkungsprojekten bilden derartige technische Produktvereinfachungen den Hauptgegenstand. Systematisches Hinterfragen von bindenden Vorgaben in funktionsübergreifenden Teams trägt dazu bei, Sonderspezifikationen zu identifizieren und aufzulösen. Neubemusterungen und Zeichnungsänderungen können effizient und in kurzer Zeit signifikante Potenziale erschließen.

Die systematischen Methoden zur Kostenreduzierung durch intensive Kooperation von Lieferant, Konstruktion, Einkauf, Produktion und Vertrieb über das gesamte Einkaufsvolumen bezeichnet man als „Design to cost“. Zweck des „Design to cost“ ist das gemeinsame Entwickeln von Produkten im Team, wobei Doppelarbeiten vermieden und damit wertvolle Kapazitäten gesichert werden sollen. Der Lieferant ist Mitglied eines Entwicklungsteams, indem er sein Know-how einbringen und auch Detailkonstruktionen übernehmen soll. Durch Langzeit- oder Lifecycleverträge wird sichergestellt, dass der Entwicklungslieferant auch die Serie beliefert und somit ein voller Know-how-Austausch in jeder Phase des Produktlebenszyklus erreicht wird.

Der Produktlebenszyklus gliedert sich in drei grundsätzliche Phasen:

- Definition der Produktanforderungen in der Lastenheftphase
- Beschreibung des Produktes samt seinen technischen Daten und Umsetzungsschritten in der Pflichtenheftphase oder Nullserie
- Realisierung und Markteinführungsphase

Nach jeder Phase nimmt die Anzahl an Möglichkeiten zur Beeinflussung der Kostenstruktur ab. Je früher eine Identifikation von Kostensenkungspotenzialen möglich ist, desto höher sind die realisierbaren Effekte.

Das „Desgin to Cost“-Verfahren war auch wesentlicher Bestandteil des Sanierungskonzeptes von Nissan, das durch Carlos Ghosn, den heutigen CEO von Renault-Nissan initiiert wurde. Das mit „3-3-3“ betitelte Konzept beinhaltete die Zusammenarbeit der drei Partner aus den Funktionen Entwicklung, Einkauf und Lieferant über die drei Regionen Europa, Asien und Amerika für einen Zeitraum von drei Jahren. Ziel dieses Sanierungsmodules war es, die Materialkosten um 20 Prozent zu senken. Ferner sollte die Anzahl der Kernlieferanten von über 1.100 in drei Jahren auf maximal 600 reduziert werden.

Standardisierung

Ausgehend von den Gesamtkosten bilden die Komplexitätskosten eines Unternehmens einen Anteil von 15 bis 20 Prozent der betrieblichen Gesamtkosten. Durch die zunehmende Individualisierung der Kundenansprüche steigt die Anzahl der Varianten kontinuierlich an. Besonders deutlich wird die Variantenvielfalt am Beispiel eines Autositzherstellers. Bei den Sitzen hat der Kunde die Wahlmöglichkeit zwischen zwölf Farben, vier Materialien, drei verschiedenen Sitzheizungen sowie manueller oder elektronischer Sitzverstellung. Allein daraus ergeben sich 288 (= 12 x 4 x 3 x 2) unterschiedliche Konfigurationen. Die Konsequenz ist eine exponentiell zunehmende Komplexität in der Fertigung und Verwaltung. Für den Einkauf bedeutet dies eine massive Zunahme von Sachnummern und Teilespezifikationen. Standardisierung wirkt dieser Kostenfalle durch eine Bündelung von Volumina sowie durch einen geringeren Abwicklungs- und Bestellaufwand entgegen.

In der Einkaufspraxis lassen sich Standardisierungen durch die Bestimmung der optimalen Variantenzahl bestimmen. Unter der Annahme, dass die Kundenbefriedigung mit zunehmender Variantenzahl steigt und dagegen die Gewinnmargen abnehmen, gilt es, den Schnittpunkt beider Kurven als „Variantenoptimum" zu identifizieren.

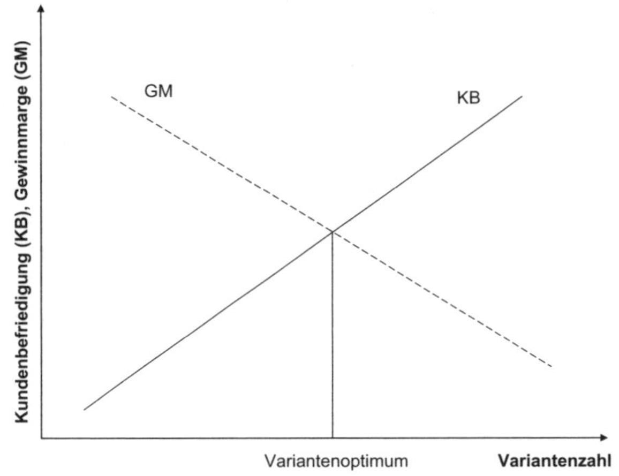

Abbildung 8: *Bestimmung des Variantenoptimums*

Der Baukonzern Bilfinger Berger[5] hat beispielsweise auf die gestiegenen Stahl- und Zementpreise auch mit technischen Hebeln reagiert. So konnten durch den bestmöglichen Einsatz des Materials und eine Veränderung der Produkte die Kosten gesenkt werden. Dabei wurden unter anderem die Wandstärken von Rohrleitungen und die Betonrezepturen optimiert.

Aus der Neigung vieler Unternehmen, der externen Komplexität mit interner Komplexität zu begegnen, resultiert, dass den internen Zusatzkosten keine Zusatzerlöse gegenüberstehen. Daher ist es bei der Reduzierung der Komplexität eines Unternehmens von höchster Priorität, die erforderliche Komplexität so zu wählen, dass das daraus resultierende Kostenniveau und Marktpotenzial den Unternehmensgewinn maximiert. Die externen Komplexitätstreiber wie

5 Vgl. Bilfinger Berger, Geschäftsbericht 2005, S. 60

die Globalisierung und Dynamik der Märkte, die sich daraus ergebenden Nachfrageänderungen, die Kundenzahl sowie die Sortimentsgröße und -tiefe drücken sich in der Anzahl und Änderungshäufigkeit der Varianten einzelner Leistungen aus. Unterschiedliche Ursachen, wie z. B. Kundenorientierung, Aufbau von Markteintrittsbarrieren, quantitatives und qualitatives Wachstum, führen in der Beschaffung zu einer Güter- und Prozessvielfalt. Die Komplexität in der Beschaffung äußert sich in der Ausprägung von Komplexitätstreibern, die teilweise massive Zusatzkosten zur Folge haben. Als hauptsächlicher Komplexitätstreiber gilt die Vielfalt, die beispielsweise bei Komponenten oder Prozessen besonders deutlich hervortritt. Um das Vielfaltsniveau in der Beschaffung zu quantifizieren, lassen sich die Objektausprägungsbetrachtung sowie die Prozessausprägungsbetrachtung heranziehen.

1. Objektausprägungsbetrachtung
   Bei der Quantifizierung der Beschaffungskomplexität lässt sich die beschaffungsobjektbezogene Vielfalt charakterisieren auf Basis einer kombinierten Analyse des Beschaffungsvolumens pro Materialgruppe mit der Menge der Lieferanten. In vielen Fällen ergeben sich massive Ungleichgewichte zwischen dem Anteil des Beschaffungsvolumens einer Materialgruppe an dem gesamten Beschaffungsvolumen und den dafür aktiven Lieferanten. Beträgt beispielsweise der Anteil der Materialgruppe Packmittel nur 3 Prozent an der gesamten Beschaffungssumme und die Anzahl der Lieferanten dagegen über 100, liegt ein extremer Überhang vor. Daraus können erste Möglichkeiten zur Lieferantenkonzentration identifiziert werden. Weitere Ansatzpunkte liefert der Vergleich der Anzahl der unterscheidbaren aktiven Artikel innerhalb einer Materialgruppe im Verhältnis zu der Anzahl der Lieferanten. Erweitert um eine ABC-Klassifizierung innerhalb des jeweiligen Analyseobjektes, kann diese Betrachtung entscheidende Komplexitätstreiber herausstellen und Optionen zur Reduzierung der Komplexität liefern. Ferner kann in einer erweiterten Analyse die Beschaffungskomplexität durch diverse Kennzahlen quantifiziert werden. Die Zahl unterschiedlicher Materialgruppen ist vor dem Hintergrund des Produktspektrums und der Variantenvielfalt im Endprodukt zu interpretieren. In der Automobilindustrie hängt die Beschaffungsobjektvielfalt von dem Grad der Nutzung von Plattformstrategien zur Verringerung der Teile und Materialvielfalt oder dem Grad der Modul- oder Systembildung ab. Zur Messung der Komplexität können Kennzahlen wie Normteilquote und Standardisierungsgrad herangezogen werden. Vor allem die zum Betrachtungszeitpunkt vorliegende Klassifizierung des Beschaffungsspektrums ist im Zusammenhang mit der Ableitung differenzierter Beschaffungsstrategien zu überprüfen. Dabei sollten die Beschaffungsgüter in Materialgruppen segmentiert werden. Eine Segmentierung des Beschaffungsgüterspektrums in Materialgruppen kann auch den Ausgangspunkt für eine Neuorganisation des Einkaufs bilden. Aus der Vielfalt der Lieferanten, der Beschaffungsobjekte und der internen Kunden-Lieferanten-Verhältnisse resultiert eine Vielfalt an Beschaffungsprozessen, deren Komplexität mit Hilfe der Prozessausprägungsbetrachtung gemessen werden kann.

2. Prozessausprägungsbetrachtung
   Durch die Prozessausprägungsbetrachtung wird der Zusammenhang zwischen Einkaufspreis einerseits und Gesamtkosten (TCO) deutlich. Die Komplexitätsbeurteilung aufgrund

von Prozessen basiert auf der Prozessaufnahme der gestaltenden Aktivitäten. Dabei ist vor Beginn der Untersuchung die Frage zu beantworten, welche Prozesse analysiert werden sollen. Die Betrachtung der Prozesse sollte sich zunächst auf diejenigen Prozesse konzentrieren, die bei der Bereitstellung der A-Materialien durchlaufen werden. Für die B- und C-Güter sollte ein typischer Prozess herausgegriffen werden, der stellvertretend für die anderen Prozessvarianten die grundsätzlichen Probleme beinhaltet. Die eigentliche Prozessbetrachtung besteht in der Identifikation aller Aktivitäten und der beteiligten Schnittstellen des Beschaffungsprozesses. Die Abschätzung der Bearbeitungszeit je Aktivität, der Komplexitätsgründe sowie der Schwachstellen runden die Analyse ab. Mit der Bestimmung des Standardisierungspotenzials werden die Gestaltungsparameter des Material- und Informationsflusses im Beschaffungsprozess definiert. Diese bilden die Grundlage für eine weitere differenzierte Ausgestaltung der Abnehmer-Lieferanten-Beziehung der restlichen Gestaltungsfelder. Die Auswirkungen der Prozessänderungen auf die Zielgrößen der Materialbereitstellung wie Kosten, Qualität, Zeit und Flexibilität gilt es eingehend zu überprüfen. Eine Prozessausprägungsbetrachtung ermöglicht das Aufzeigen der prozessbezogenen Komplexitätsursachen in Materialflussprozessen, Informationsflussprozessen und gekoppelten Prozessen in der Beschaffung. Auf dieser Basis kann eine Optimierung der Komplexität in der Beschaffung initiiert werden.

Plattformstrategie

Die Komplexitätsreduzierung lässt sich durch verschiedene Methoden herbeiführen, die in Abhängigkeit vom Produkt oder dessen Reifegrad im Lebenszyklus oder der Betriebsgröße eine unterschiedliche Bedeutung für ein Unternehmen haben. Ausgehend von den Stoßrichtungen des Variantenmanagements, Komplexität vermeiden, reduzieren und beherrschen, lassen sich die nachfolgend dargestellten Strategien diesen Optionen zuordnen.

Die Mehrfachverwendung von Teilen oder Rohstoffen ist eng gekoppelt an die Möglichkeiten der Substitution bzw. an die Möglichkeit der Standardisierung oder Normung von Materialien. Die Substitution wirkt in diesem Zusammenhang auf die Reduzierung der Anzahl zu unterscheidender Materialien, was neben der Reduzierung der Komplexität in der Planung, Steuerung und Disposition sowie der Logistik auch aus der Sicht der Beschaffung noch Bündelungseffekte von Einkaufsvolumina zur Folge haben kann. In die gleiche Richtung zielen die Ansätze der Standardisierung von Bauteilen oder die Mehrfachverwendbarkeit von Bauteilen. Bei der Lieferantenkonzentration treten Bündelungseffekte bei den verbleibenden Lieferanten auf die Anzahl der zu unterscheidenden Beschaffungsprozesse wird reduziert, die abgewickelten Volumina pro Beschaffungsprozessalternative steigen. Dies zieht auch eine Reduzierung der internen Prozesskosten und der Komplexität nach sich.

Die Modul- und Systembeschaffung als weitere Option zum Komplexitätsabbau hat zur Folge, dass eine deutlich geringere Anzahl unterschiedlicher Teile und Materialien koordiniert werden muss. Die logistische Zusammenführung der einzelnen Elemente der Module und Systeme wird durch den Lieferanten übernommen. Daraus resultiert eine wesentliche Reduzierung der Teile- und Prozessvielfalt in der Beschaffung. Plattformstrategien, wie sie insbesondere in der Automobilindustrie und Luftfahrtindustrie umgesetzt werden, verfolgen im Grunde eine Komplexitätsreduzierung nach dem Baukastenprinzip. Dabei werden für verschiedene Varianten identische Baugruppen eingesetzt, die durch Standardisierung erheblich günstiger sind. Kundenspezifisch wird das Endprodukt erst in den folgenden Produktionsschritten durch eine spezifische Modulkonfiguration. Pionier dieser Effizienzmaßnahme ist die Automobilindustrie, wie folgendes Beispiel zeigt:

Renault und Nissan haben eine klar definierte Plattformstrategie entwickelt, die drei wichtige Parameter berücksichtigt: Anzahl der produzierten Einheiten für jede Plattform, regionale Marktanforderungen und Flexibilität. Die Plattformstrategie dieser Allianz beruht auf dem Einsatz gemeinsamer Komponenten, der Einrichtung und dem Ausbau einer gemeinsamen Aggregaten-Bank für die Aggregate, die von allen Fahrzeugen mit der gleichen Plattform genutzt werden können, und der Vereinheitlichung der Fertigungsprozesse, um die gemeinsame Nutzung der Produktionskapazitäten sicherzustellen.

Die B-Plattform bildet die Basis für die Kleinwagen beider Marken. Sie wird in hohen Stückzahlen gebaut und sorgt für dementsprechend hohe Rationalisierungsmöglichkeiten. Sie war die erste gemeinsame Plattform beider Partner. Die C-Plattform ist für die Kompaktklasse bestimmt und zunächst auf die europäischen Anforderungen und die vergleichbarer Märkte abgestimmt.

Die D-Plattform wird die erste modular aufgebaute Plattform der Allianz beider Autohersteller sein. Sie bietet ein Höchstmaß an Flexibilität, vor allem im Hinblick auf die Anforderungen der verschiedenen Märkte, die in diesem Fahrzeugsegment äußerst differenziert sind. Besonderes Augenmerk liegt hier auf den gemeinsam genutzten Komponenten mit hohem Mehrwert, wie beispielsweise dem Bremssystem, wodurch interessante Möglichkeiten beim gebündelten Einkauf entstehen.

3. Global Sourcing – Ersparnisse auf internationalen Märkten

Global Sourcing, die Ausrichtung der Einkaufsstrategie eines Unternehmens auf die internationalen Beschaffungsmärkte und die damit korrespondierende globale Optimierung der Versorgung mit Gütern und Dienstleistungen, wird bereits seit vielen Jahren praktiziert. In Deutschland befindet sich die Umsetzung in den meisten Betrieben jedoch noch am Anfang. Lediglich sporadisch werden auch internationale Lieferanten in Ausschreibungen integriert. Eine durchgängige Strategie für Global Sourcing liegt nur in ausgewählten Konzernen vor. Vor dem Hintergrund der Globalisierung von Beschaffungs- und Absatzmärkten und einer Verschärfung des Wettbewerbs ist Global Sourcing gerade auch für den Mittelstand von höchster Brisanz. Nachstehende Abbildung 9 fasst die Ziele von Global Sourcing zusammen.

Abbildung 9: *Ziele von Global Sourcing*

Folgende aktuelle Beispiele zeigen den aktuellen Stand bei der internationalen Beschaffung ausgewählter Konzerne auf:

Asien stellt für Adidas bereits jetzt die wichtigste Einkaufsregion dar. Rund Prozent der Schuhe werden in dieser Region produziert, der größte Teil davon in China (etwa 55 Prozent der Gesamtproduktion), Indonesien und Vietnam (je 20 Prozent der Gesamtproduktion). Auch beim Einkauf im Textilbereich stehen bei dem Sportartikelkonzern die asiatischen Länder im Vordergrund. Dabei stammen 78 Prozent der Gesamteinkäufe in diesem Bereich aus Asien. China und Indonesien waren mit 25 Prozent beziehungsweise 17 Prozent der Gesamtproduktion die wichtigsten Zuliefererländer für Bekleidung.[6]

---

6 Vgl. Adidas, Geschäftsbericht 2005, S. 78

Auch Thyssen-Krupp konnte günstige Lieferanten in Asien und Osteuropa finden und beim Zukauf von Elektronikteilen und Gussteilen erheblich sparen. Die Einkäufe in Niedrigkostenländern werden weltweit vorangetrieben.

Beim Automobilzulieferkonzern Continental konnte die Kostenstruktur durch einen verstärkten Einkauf in Niedriglohnländern verbessert werden. Ein Schwerpunkt liegt hier im Bereich Asien, wo parallel zur Strategie, das dortige Umsatzvolumen bis zum Jahr 2010 zu verdoppeln, eine entsprechende Entwicklung auf der Einkaufsseite angestrebt wird.

Beim Stahlhändler Klöckner sollen der Einkauf auf eine weltweite Basis gestellt und weitere attraktive Einkaufsquellen erschlossen werden. Nach Berechnungen der Gesellschaft hätte eine Reduktion des durchschnittlichen Einkaufspreises pro Tonne Stahl um 1,00 Euro dabei nach Schätzung der Gesellschaft einen Anstieg des EBITDA der Klöckner Gruppe um rund 6 Mio. Euro zur Folge.[7]

Nachstehend werden daher die Bedeutung eines internationalen Einkaufs, seine strategische Konzeption sowie Möglichkeiten der Implementierung vorgestellt.

Obgleich deutsche Unternehmen bereits seit langem ihre Vertriebsstrategie auf internationale Märkte ausrichten, ist der Auslandsanteil am Einkaufsvolumen relativ gering. So beträgt die aktuelle Exportquote bei deutschen Unternehmen des Maschinen- und Anlagenbaus bereits rund 60 Prozent, während erst 10 Prozent des Einkaufsvolumens aus dem Ausland beschafft wird. Die Professionalität des internationalen Beschaffungsmarketings weist zahlreiche Schwachpunkte vor allem im sprachlichen und kulturellen Segment auf. Die Identifikation internationaler Lieferanten reduziert sich in den meisten Fällen auf angrenzende Auslandsstaaten. Beschaffungsmärkte wie die Schwellenländer Osteuropa, China oder Indien werden trotz ihrer massiv steigenden Bedeutung nur selten berücksichtigt.

Inzwischen können auch hochinnovative Produkte aus Osteuropa, China oder Indien bezogen werden. Bedingt durch das exzellente Ausbildungsniveau verfügen diese Staaten teilweise sogar über beträchtliche Wissensvorsprünge gegenüber Deutschland. Insbesondere in der Elektroindustrie wird die Überlegenheit von Unternehmen aus Fernost eindrucksvoll vor Augen geführt. Japanische Unternehmen haben deutsche Unternehmen der Elektronik-, Computer- und Unterhaltungsindustrie beispielsweise schon seit vielen Jahren überholt. In Verbindung mit einer steigenden Transparenz am Beschaffungsmarkt sowie der steigenden Mobilität der Marktakteure setzt dies gerade deutsche Unternehmen massivem Wettbewerbsdruck aus. Ein Ende dieser Entwicklung ist aufgrund einer weiteren Deregulierung des weltweiten Handels und auch der Nutzung des Internets nicht absehbar.

Darüber hinaus zwingt die Fokussierung auf den Shareholder Value geradezu, die Fertigungstiefe zu verringern und sich auf die Kernkompetenzen zu konzentrieren. Eine wirkliche Optimierung der Beschaffungsstrategie kann nur in globalem Rahmen erfolgen. Was auf der Absatzseite ein hohes Risiko darstellt, eröffnet jedoch für den Einkauf ein gewaltiges Potenzial. Für mittelständisch geprägte Betriebe besteht die unbedingte Notwendigkeit, einkaufsseitig die Möglichkeiten der Globalisierung wahrzunehmen. Im Gegensatz dazu sind global

---

7 Klöckner & Co., Prospekt für das öffentliche Angebot von Stammaktien, 2006, S. 30

agierende Konzerne mit Standorten in den bedeutenden Wirtschaftszentren bereits am internationalen Beschaffungsmarkt aktiv. Durch die internationale Aufstellung verfügen Konzerne über eine hervorragende Positionierung, um Wettbewerbsvorteile in der Beschaffung aufzubauen. Der Handelskonzern KarstadtQuelle AG betreibt beispielsweise eine äußerst expansive Global-Sourcing-Politik. Bis zum Jahr 2008 wird eine Beschaffungsquote aus Asien von 80 Prozent angestrebt. Der Konzern profitiert durch die Offensive im internationalen Einkauf von signifikanten Einspareffekten, einer Reduzierung der Einkaufspreise um bis zu 10 Prozent, einer höheren Flexibilität in den Beschaffungsprozessen sowie einer erheblichen Verlängerung der Zahlungsziele.

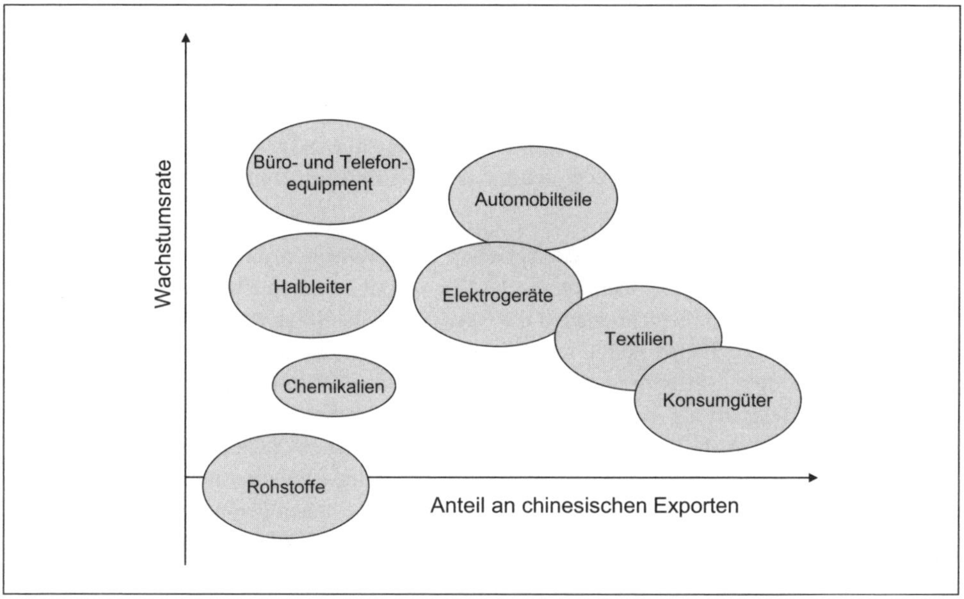

Abbildung 10: *Übersicht Ausfuhren China (Quelle: CSCC China IPO Survey, 2005)*

Fallstudie: Global Sourcing bei der Sanierung von Piaggio

Im Rahmen der Sanierung des italienischen Industriekonzerns Piaggio suchte das Management in China und Indien nach billigem Ersatz für Teile, die bisher von kleinen teuren Familienbetrieben bezogen wurden. Dies senkte die Kosten um bis zu 30 Prozent. Lokale italienische Unternehmen wurden immer wieder ermahnt, ihre Preise zu senken oder mit Wettbewerbern zu fusionieren. Andernfalls drohe der Abbruch der Geschäftsbeziehung. Schon bald zeigte das knallharte Sanierungskonzept Wirkung: Innerhalb weniger Jahre verdoppelte sich der Anteil der Zulieferungen aus dem Ausland.

3.1 Strategische Grundlagen

Eine strategische Grundlage für globale Beschaffung basiert zunächst auf den unternehmensspezifischen Zielen im Einkauf. Mit der Auswahl von Produktportfolio, Beschaffungsmärkten sowie Lieferanten werden die entscheidenden Faktoren festgelegt. Schließlich gilt es, den strategischen Einkauf zu stärken. Ziel der Internationalisierung des Einkaufs ist die Steigerung der Wettbewerbsfähigkeit des Unternehmens. Diese lässt sich in Kosten-, Technik- und Marktziele gliedern. Die primäre Triebfeder für Global Sourcing ist die Nutzung länderspezifischer Unterschiede bei den Produktionskosten. Insbesondere bei Lohn- und Lohnnebenkosten, Material, Energie und Dienstleistungen sowie staatlichen Abgaben und Gebühren gibt es teilweise drastische länderspezifische Kostenunterschiede. Nicht selten betragen die Abweichungen bis zu 80 Prozent. Von entscheidender Bedeutung bei der Kostenbetrachtung ist jedoch immer eine Analyse der Gesamtkosten, d. h. einmalige wie laufende Kosten des internationalen Einkaufs. Dabei sind vor allem erhöhte Kontroll-, Transport- und Reisekosten einzubeziehen.

Deutsche Betriebe haben auf technischem Gebiet im Vergleich zu internationalen Anbietern massiv an Boden verloren. Die technologische Überlegenheit von internationalen Lieferanten auf zahlreichen Gebieten bietet aber auch die Chance, von besseren Produkt- und Prozessqualitäten zu profitieren. Ferner kann nur mit länderübergreifenden Beschaffungsaktivitäten sichergestellt werden, frühzeitig über Innovationen auf dem Weltmarkt, die sich entweder als Chance in der Beschaffung oder als Risiko im Verkauf erweisen, informiert zu sein. Der Einkauf kann somit auch die Rolle eines „strategischen Radars“ annehmen. Auf Seiten des Marktes leistet globaler Einkauf einen entscheidenden Beitrag zu einer wesentlich fundierteren Kenntnis aktueller oder potenzieller Absatzmärkte. So können gerade bei Konsumgütern länderspezifische Unterschiede in der Produktgestaltung berücksichtigt werden. Einen weiteren wichtigen Treiber bilden Erfordernisse zum „Local Content“: Darunter sind staatliche Vorschriften zur Erbringung eines bestimmten Teils der Wertschöpfung im eigenen Land zu verstehen. Die Festlegung der individuellen Priorisierung der genannten Ziele hat einen entscheidenden Einfluss auf die Ausgestaltung der internationalen Beschaffungsaktivitäten.

Die konkrete Festlegung der Faktoren Warengruppenspektrum, Beschaffungsländer sowie Lieferanten verläuft je nach Schwerpunkt der einkäuferischen Zielsetzung in unterschiedlicher Reihenfolge. Bei der Wahl des potenziellen Warengruppenspektrums gilt es, neben den auch national relevanten Einkaufsgrundsätzen internationale Regularien zu beachten.

Es ist offensichtlich, dass beispielsweise Komponenten, die eine hohe Bedeutung für das Endprodukt aufweisen oder produktionssynchron angeliefert werden müssen, nicht für einen globalen Einkauf in Betracht zu ziehen sind. Vielmehr gilt es, lediglich Produkte in die Wahl einzubeziehen, die einem hohen Standardisierungsgrad unterliegen und bezüglich Bedarfsmenge und -zeitpunkt gut prognostizierbar sind. Hierbei hat die weltweite Angleichung von Standards bei vielen Warengruppen Global Sourcing erst ermöglicht.

Faktoren wie Transportierbarkeit, Transportkosten und -zeiten sind zusätzlich entscheidend. Die für internationalen Einkauf infrage kommenden Regionen oder Länder hängen primär von der Branchensituation und den unternehmerischen Zielen ab. Grundsätzlich nimmt die Notwendigkeit, „low cost countries" als Beschaffungsquellen zu erschließen, mit steigendem Kostendruck und Arbeitsintensität des Vorproduktes zu. Bedingt durch den massiven Aufschwung wechseln jedoch die Länder mit den größten Kostenunterschieden in stets kürzeren Zyklen. Ferner sind vor allem in den asiatischen Beschaffungsmärkten teilweise drastische Lohnkostenerhöhungen feststellbar. Somit sind die Konditionen der Beschaffungsregion kontinuierlich zu überprüfen.

Stehen Innovation und Qualität bei Vorprodukten im Vordergrund, hat sich die Global-Sourcing-Strategie an Ländern zu orientieren, die entsprechende Wettbewerbsvorteile im Bereich des Know-hows vorhalten. Gerade asiatische Nationen verfügen durch ein hervorragendes Bildungssystem über hochqualifiziertes Personal. Der entscheidende Faktor ist jedoch der Lieferant: Durch die hohe Zahl möglicher Lieferanten im internationalen Umfeld sowie die erschwerte Informationsgewinnung gestaltet sich ein professionelles Lieferantenmanagement äußerst schwierig. Geografische, kulturelle und sprachliche Barrieren verursachen erhebliche Informationsintransparenzen. Während nationale Lieferanten die „gleiche Sprache sprechen" und binnen kurzer Zeit persönlich vorstellig werden können, sind bereits die Kontaktaufnahme sowie ein erstes Treffen mit Lieferanten im Ausland mit hohem Aufwand verbunden.

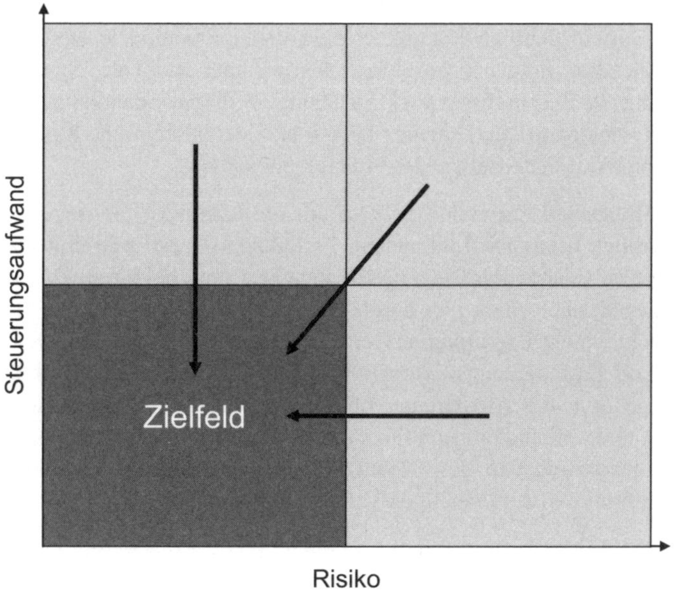

Abbildung 11: *Steuerungsaufwand-Risiko-Matrix*

Zwar können im Rahmen einer Vorselektion Lieferantenzertifizierungen bei der Grobselektion Hilfestellung leisten. Übersehen werden darf jedoch nicht, dass durch diese Normen das Qualitäts-Management-System des Unternehmens bewertet wird. Eine Aussage über die Produktqualität wird jedoch nicht getroffen. In der Praxis empfiehlt es sich deshalb, Referenzkunden internationaler Geschäftsbeziehungen als Erstindikator zu verwenden. Durch die Kontaktierung von Abnehmern lässt sich ein erster detaillierter Einblick in die Lieferantenbeziehung mit überschaubarem Aufwand gewinnen. Ferner sind im Zuge der Grobauswahl potenzielle Lieferanten anhand relevanter Faktoren wie Kosten, Innovationsfähigkeit, Flexibilität sowie Mitarbeiterqualifikation zu evaluieren. Bezüglich der optimalen Anzahl an Lieferanten je global zu beschaffendem Produkt muss die für das Unternehmen adäquate Position im Spannungsfeld zwischen Risikominimierung (Versorgungsrisiko, daher Tendenz zu Multiple Sourcing) und Höhe des Steuerungsaufwandes (Abstimmungs- und Kontrollaufwand, daher Tendenz zu Single Sourcing) gefunden werden.

Da die Exklusivität eines Lieferanten erst nach einer erfolgreichen Zusammenarbeit von mehreren Jahren in Betracht zu ziehen ist, ist es erforderlich, zunächst ein Lieferverhältnis mit mehreren Lieferanten zu beginnen. Nach einiger Zeit hat sich in der täglichen Praxis die Qualität des Lieferantenverhältnisses herauskristallisiert. Die besten Lieferanten können dann in ein „Dual Sourcing" überführt werden. Die optimale Länderdiversifikation von Lieferanten resultiert in Abhängigkeit vom Risikofaktor der bevorzugten Beschaffungsregion.

Für die erfolgreiche Umsetzung von Global Sourcing ist die Professionalisierung der Einkaufsabteilung zwingend erforderlich. Die strategischen Einkaufsaktivitäten haben sich den Anforderungen der internationalen Beschaffungsmärkte anzupassen, da die Aufgaben im internationalen Umfeld deutlich komplexer sind und internationale Beschaffungsentscheidungen weitreichendere Folgen nach sich ziehen als rein nationale. Strategischer Einkauf zeichnet vorrangig für Beschaffungsmarktforschung, Vertragsverhandlungen sowie Lieferanten-management verantwortlich. Daneben befasst sich der strategische Einkauf mit Wertanalyse, Make-or-Buy-Aktivitäten sowie der Produktentwicklung.

Bei der Beschaffungsmarktforschung geht es um die Identifikation von Bezugsquellen für einen Marktüberblick bezüglich Lieferanten, Produktkonfigurationen und Qualitäten. Diese Markttransparenz ist Grundvoraussetzung für fundierte Entscheidungen zur Einkaufspolitik. Im internationalen Kontext muss hier durch Branchenrecherchen, internationale Messe- und Lieferantenbesuche sowie Experteninterviews erheblicher Mehraufwand für die Informationsgewinnung und Entscheidungsvorbereitung geleistet werden. Hinsichtlich der Vertragsverhandlungen gehören die Aneignung von Kenntnissen in internationalem Vertragsrecht sowie Mentalität und Verhandlungsgepflogenheiten im Herkunftsland des Lieferanten zu den strategischen Einkaufsaufgaben des Global Sourcing. Grundvoraussetzung ist die Beherrschung von Fachtermini in der jeweiligen Verhandlungssprache.

Ein professionelles Einkaufs-Controlling schließlich bereitet die wesentlichen einkaufsbezogenen operativen und strategischen Kennzahlen turnusgemäß auf und bildet so die Basis zur Steuerung der Einkaufsaktivitäten. Die zusätzliche Herausforderung beim Global Sourcing besteht zunächst in der Erfassung der Informationen der global beschafften Güter sowie in der Steuerung der relevanten Sachverhalte (zum Beispiel Durchlaufzeit der Bestellung oder Preisänderungen). Es muss jedoch ein striktes Kosten-Controlling auf Vollkostenbasis zur permanenten Erfassung aller mit der Internationalisierung des Einkaufs in Bezug stehenden Kosten sowie zur fortlaufenden Wirtschaftlichkeitsüberprüfung implementiert werden. Dazu gehören auch Kosten von Lieferverzögerungen, Transportschäden sowie Lieferantenbetreuung. Schließlich muss in Verbindung mit der Beschaffungsmarktforschung regelmäßig die gewählte Einkaufsstrategie (Produkt-Land-Lieferanten-Mix) auf den Prüfstand gestellt werden. Eine Trennung dieser strategischen Einkaufsfunktionen von der rein operativen Beschaffungsabwicklung ist bereits aus pragmatischen Gründen erforderlich: Die Materialbeschaffung erfordert die Präsenz bei bzw. Interaktion mit der Produktion; der strategische Einkauf, zumal im globalen Kontext, erfordert eine häufige Reisetätigkeit. Letztlich sind aber auch die Anforderungen an das Qualifikationsniveau der Mitarbeiter signifikant unterschiedlich.

Intensive Schulungen der Einkaufsmitarbeiter in den genannten Aufgaben sind die Mindestvoraussetzung für die Praktizierung von internationalem Einkauf. In vielen Fällen wird jedoch eine Einstellung von Mitarbeitern mit entsprechendem Ausbildungs- und Erfahrungshintergrund im internationalen Einkauf unumgänglich sein.

Global produzierende Unternehmen stehen im Unterschied zu rein national oder regional operierenden zusätzlich vor der Aufgabe, eine globale Einkaufsstrategie zu implementieren, d. h. Global Sourcing weltweit optimal zu nutzen. Bei global verteilten Produktions- und damit auch Beschaffungsstandorten bedeutet dies, mit Hilfe einer global stringenten Einkaufsorganisation alle Einkaufsaktivitäten des Konzerns weltweit zu harmonisieren und zu optimieren. Besonders hoch ist die Brisanz dafür bei grenzüberschreitenden Unternehmensakquisitionen, deren wirtschaftlicher Erfolg maßgeblich auf der Realisierung von synergetischen Effekten basiert. Ein großer Anteil davon entfällt regelmäßig auf eine Materialkostensenkung in der Beschaffung, die sich ohne strukturelle Optimierung der Ablauf- und Aufbauorganisation nicht bewerkstelligen lässt.

Neben der Erschließung von Synergien ergeben sich bei der Globalisierung der Einkaufsorganisation zahlreiche weitere wesentliche Handlungsfelder für die Konzernführung. Grundvoraussetzung der globalen Funktionsfähigkeit der Einkaufsorganisation ist eine Vereinheitlichung der konzerninternen Kommunikation. Dazu zählt sowohl die globale Informationstransparenz durch eine einheitliche Informationsplattform als auch die Einführung eines weltweiten Warengruppenschlüssels. Dadurch kann die weltweite Verteilung von Zuständigkeiten und Verantwortlichkeiten erfolgen sowie das Management der Lieferantenbasis und ein globales Einkaufsreporting initiiert werden. Von herausragender Bedeutung ist ferner die weltweite Abstimmung der wesentlichen Einkaufsstrategien je Warengruppe. In Abhängigkeit von den Faktoren Komplexität, strategische Bedeutung sowie einkäuferischen Hebeln wird für jede Warengruppe festgelegt, ob diese global oder je Produktionsstandort lokal zu beschaffen ist.

Globaler Einkauf bedeutet die zentrale Durchführung sämtlicher strategischer Beschaffungstätigkeiten für alle Bedarfsträger im Konzern durch einen global verantwortlichen Materialgruppenmanager. Die dezentralen Einkäufer sind dabei für alle operativen Einkaufsaufgaben der Warengruppe verantwortlich und unterstützen den globalen Materialgruppenmanager beim strategischen Einkauf. Die Festlegung eines lokalen Einkaufs für eine Warengruppe bedeutet demgegenüber, dass nicht nur der operative, sondern auch der strategische Einkauf dezentral von jeder Konzerneinheit selbständig durchgeführt wird. Auch gilt es, detaillierte Beschreibungen von Aufgaben, Kompetenzen und Verantwortlichkeiten für globale Materialgruppenmanager wie für dezentrale Einkäufer sowie von Eskalationswegen im Konfliktfall zu erstellen. Ebenso muss das Lieferantenmanagement global harmonisiert und verankert werden. Bei Lieferanten, die alle Konzernstandorte bedienen können, muss die Einkaufsstrategie weltweit einheitlich praktiziert werden sowie die Kommunikation mit dem Lieferanten abgestimmt erfolgen. Hierzu muss für die globalen Lieferanten je ein weltweit verantwortlicher Lieferantenmanager nominiert werden. Entscheidend ist auch eine weltweite Lieferantenbewertung mit einheitlichen Kriterien und Formularen. Dadurch ist eine Vergleichbarkeit aller Lieferanten gewährleistet, die die Basis bildet für die Festlegung der jeweiligen Lieferantenstrategie sowie für die wichtige Lieferantenentwicklung, etwa vom lokalen zum globalen Lieferanten. Schließlich muss festgelegt werden, welche einkäuferischen Stabsfunktionen weltweit zentral angesiedelt werden. Insbesondere Aufgaben wie Datenmanagement, Kommunikation, Einkaufs-Controlling sowie Lieferantenbewertung erfordern eine weltweit steuernde Einheit, die auch bei der Implementierung unterstützend tätig wird. Auch hier muss das Zusammenspiel zwischen globalen und lokalen Einheiten definiert werden. Je nach Umfang und Schwierigkeitsgrad der Organisation kann der beschriebene Aufbau einer globalen Einkaufsorganisation mehrere Jahre in Anspruch nehmen. Die gewonnene Transparenz, Koordination und Professionalität des Einkaufs auf weltweit einheitlichem Niveau machen eine globale Organisation dennoch zu einem lohnenswerten Ziel. Das weltweite Zusammenwachsen und die Förderung einer gemeinsamen Unternehmenskultur sind neben den Synergieeffekten gar nicht hoch genug einzuschätzen.

3.2 Implementierung

Wesentlich für eine erfolgreiche Implementierung von Global Sourcing sind unternehmensintern eine bedingungslose Unterstützung durch das Top-Management sowie der Einsatz interdisziplinärer Teams für die Vorbereitung und Umsetzung. Daneben sind unternehmensübergreifende Einkaufskooperationen eine gute Möglichkeit für den Know-how-Aufbau und die Aufwandssenkung beim globalen Einkauf. In technischer Hinsicht bietet sich die Nutzung elektronischer Einkaufsplattformen an, auf die noch eingegangen wird. Zunächst müssen von Anfang an Bedeutung und Ziele der Internationalisierung des Einkaufs offen kommuniziert sowie die absolute Unterstützung des Top-Managements demonstriert werden. Nur bei frühzeitiger und fortlaufender Information sowie Einbindung der Mitarbeiter in die Konzeptionierung lässt sich der Widerstand gegen die Einführung von Global Sourcing abbauen. Das Management muss möglichen Bedenken von Mitarbeitern hinsichtlich Veränderungen im Aufgabenumfang im Einkauf oder geänderter Qualifikationsanforderungen sensibel gegenübertreten. Letztlich gilt es, den Ausgleich zwischen schneller Veränderung und raschen ersten Erfolgen einerseits sowie Stetigkeit im Wandel für individuelle Anpassungsmöglichkeiten und größere Akzeptanz durch die Mitarbeiter andererseits zu finden. Insbesondere bei globalen Akquisitionen muss der Aspekt einer Veränderung der Unternehmenskultur sowie deren Auswirkungen auf die Organisation und das Personal zusätzlich kritisch geprüft werden. Die Bedeutung des Global Sourcings sowie positive Veränderungen können dadurch deutlich gemacht werden, dass den mit internationalem Einkauf betrauten Mitarbeiter die erforderlichen Entscheidungsspielräume und Befugnisse zugewiesen werden. Sie benötigen Freiräume, in denen entsprechender zeitlicher und monetärer Aufwand betrieben werden darf, auch wenn im Vorfeld noch unklar ist, ob sich der Aufwand auszahlt.

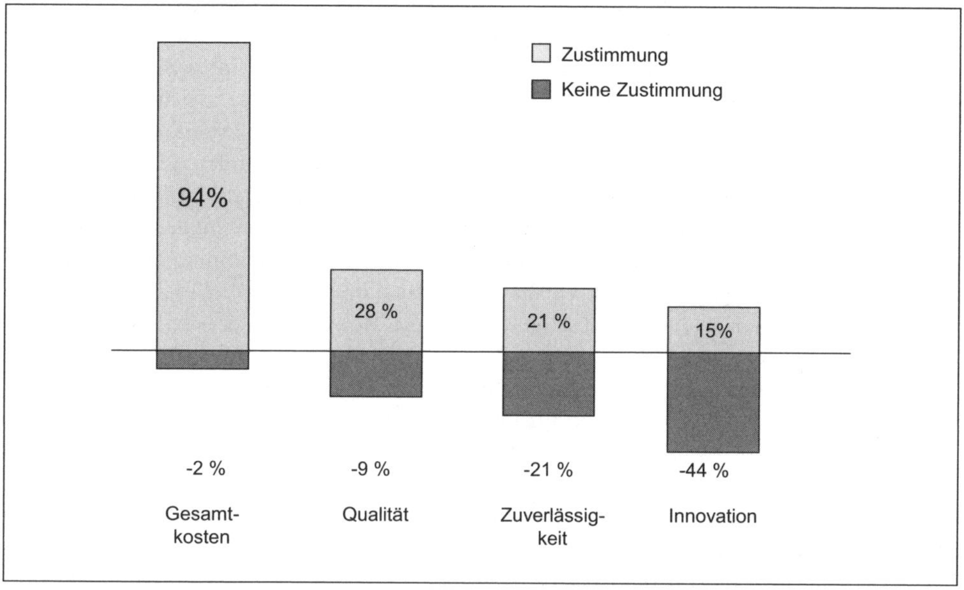

Abbildung 12: *Zufriedenheit mit Ergebnissen aus Global Sourcing (Quelle: Accenture Global Procurement Survey 2004)*

Ferner ergeben sich durch Global Sourcing Rahmenbedingungen und Einschränkungen, die eingefahrene Praktiken und Routinen auf den Prüfstand stellen. Da die betroffenen Regelungen zumeist langwierig und unter Mitarbeit der mittleren Managementebene erarbeitet wurden, muss das Top-Management die nun erforderliche Anpassung der Verfahrensweisen entsprechend einleiten und überwachen. Lange bevor nämlich die Vorteile von Global Sourcing zu greifen beginnen, fallen erhebliche Kosten im Rahmen der Lieferantensuche und -auswahl, von Reisen zu Produktionsstandorten potenzieller Lieferanten sowie für die Lieferantenqualifizierung an. Darüber hinaus müssen die Einkaufsmitarbeiter durch Schulungen intensiv für ihre Aufgaben beim Global Sourcing vorbereitet werden. Da das bestehende Personal oftmals nicht die erforderliche Qualifikation aufweist, muss es geschult werden und müssen zudem neue qualifizierte Mitarbeiter rekrutiert oder externe Berater eingesetzt werden. In der Regel sollte der reine Preisvorteil mindestens 30 Prozent betragen, um in der Gesamtkostenbetrachtung am Ende noch einen signifikanten Kostenvorteil realisieren zu können. Diese zusätzlichen Kosten, die im Rahmen von Global Sourcing anfallen müssen in die Entscheidung für eine Einführung eines globalen Einkaufs einbezogen werden. Abbildung 12, aus einer Umfrage von Einkaufsleitern, zeigt jedoch auf, dass grundsätzlich nahezu alle Teilnehmer mit den Gesamtkosten zufrieden waren

Die Entscheidung für eine Nutzung der internationalen Beschaffungsmärkte kann vom Einkauf zwar vorbereitet, nicht aber von ihm allein vertreten werden. Sie muss von Funktionsbereichen wie Konstruktion, Disposition, Qualitätssicherung oder Vertrieb maßgeblich unterstützt werden. Die Einführung abteilungsübergreifender Teams, deren Aufgabenspektrum sich von der Einführung internationaler Lieferanten bis zu Globalisierungsstrategien zum geregelten Serienanlauf erstreckt, kann Akzeptanzprobleme beheben. Diese Projektteams erleichtern zunächst die Entscheidungsfindung zwischen den von Global-Sourcing-Aktivitäten betroffenen Abteilungen. Sind die Anforderungen aller Bereiche gleichzeitig bekannt, können Argumente simultan diskutiert und bewertet sowie letztlich Prioritäten gesetzt und Kompromisse gefunden werden. Mögliche Schnittstellenprobleme werden dabei unmittelbar evident und Kommunikationsprobleme gelöst, bevor größere Unruhen aufkommen. Weiter leisten derartige Teams einen Beitrag zum Austausch mit anderen Abteilungen. Dies führt zu einer direkteren und effektiveren Kommunikation zwischen den Beteiligten. Letztlich erhöht die Projektarbeit naturgemäß die Akzeptanz zur Nutzung internationaler Beschaffungsmärkte außerhalb der Einkaufsabteilung und steigert zudem die Motivation aller beteiligten Mitarbeiter. Am Beispiel der Qualitätssicherung und Logistikabteilung tritt die Erforderlichkeit der Kooperation verschiedener Abteilungen besonders deutlich hervor. Insbesondere bei Erstlieferungen aus dem Ausland muss die Qualitätssicherung den erforderlichen Abgleich zwischen den qualitativen Anforderungen an das einzukaufende Produkt und dem Qualitätsstandard des Lieferanten sicherstellen, so dass der Lieferant bei positivem Ergebnis grundsätzlich freigegeben werden kann. Für den Logistikbereich sind grenzüberschreitende Beschaffungsquellen dagegen mit längeren Lieferzeiten sowie erhöhten Transportrisiken verbunden. Das hat eine erhebliche Zunahme der Überwachungstätigkeiten sowie verstärkte Koordination mit der Fertigung zur Konsequenz. Dafür sollte die Projektgruppe bereits Gestaltungsvorschläge erarbeiten. Von wesentlicher Bedeutung ist, dass der Lieferant ein ähnliches Expertenteam vorhält; dadurch kann bei der Einführung von Global Sourcing gemeinsam ein Projektplan mit fixierten Meilensteinen erarbeitet werden. Somit lassen sich vermeidbare Unzulänglichkeiten bereits frühzeitig ausschalten.

Die finanziellen, zeitlichen und personellen Ressourcen für umfangreiche Global Sourcing-Aktivitäten sind insbesondere bei kleinen und mittleren Betrieben nicht vorhanden. Im Mittelstand setzt sich die Einkaufsabteilung oft nur aus wenigen Mitarbeitern zusammen, die mit dem Tagesgeschäft zumeist ausgefüllt sind. Die mit einer internationalen Marktbearbeitung verbundenen intensiven strategischen Aufgaben und umfangreichen Reisetätigkeiten zu möglichen Lieferanten sind für solche Unternehmen deshalb häufig ein Problem. Vor diesem Hintergrund erweist sich die Bildung von Einkaufskooperationen, auf die in Kapitel 9 eingegangen wird, als sinnvoll. Diese ermöglichen die Vorteile der Nutzung internationaler Beschaffungsmärkte, ohne selbst die kritische Größenordnung zu erreichen. Sinn einer Einkaufskooperation ist es einerseits durch Volumenbündelung der Bedarfsgüter Preis- und Konditionenvorteile zu erzielen sowie anderseits Kosten des erforderlichen Personal- und Verwaltungsaufbaus zu senken. Gerade bei der Lieferantenselektion und -bewertung nimmt bei einer Aufteilung der Tätigkeiten auf mehrere Unternehmen der Gesamtaufwand für den internationalen Einkauf je Unternehmen deutlich ab. Zudem bieten Einkaufskooperationen die Möglichkeit, das vorhandene Einkaufs- und Qualitäts-Know-how gegenseitig auszutauschen. Jedoch sind Einkaufskooperationen auch mit erheblichen Aufwendungen verbunden: So ist die Auswahl der Partnerunternehmen von oberster Priorität. Die beteiligten Firmen müssen hierbei eine gleichartige Bedarfsstruktur aufweisen, jedoch dürfen sie keine unmittelbaren Wettbewerber sein. Die mit der Internationalisierung verbundenen Ziele müssen grundsätzlich übereinstimmen. Ebenso sollte an eine intensive gegenseitige Kenntnis von Produktprogramm, den Abgleich von Warengruppenschlüsseln sowie die Abstimmung eines gemeinsamen Systems zur Lieferantenbewertung, insbesondere von Kriterien und deren Gewichtung, gedacht werden. Aus diesem Grund ist es essenziell, dass letztlich für alle beteiligten Unternehmen ein Vorteil entsteht.

3.3 Organisatorische Entwicklungsphasen

Die länderübergreifende Beschaffung ist oftmals der erste Schritt auf dem Weg zu einem Unternehmen mit globaler Wertschöpfungsstruktur. Zahlreiche Unternehmen - insbesondere aus dem gehobenen Mittelstand - haben aufgrund ihrer positiven Erfahrungen mit dem internationalen Einkauf bereits die nächste Stufe genommen. Hierbei werden auf den ausländischen Beschaffungsmärkten eigene „Sourcing Hubs“ oder Beschaffungsbüros aufgebaut. Diese zumeist wirtschaftlich und rechtlich integrierten Niederlassungen sind für die Identifikation von Anbietern sowie für die Lieferantenselektion auf dem ausländischen Beschaffungsmarkt verantwortlich. Durch die feste geografische Präsenz haben sie den Vorteil, dass der Beschaffungsmarkt deutlich intensiver bearbeitet werden kann. Im laufenden Lieferantenverhältnis dienen Sourcing Hubs als Ansprechpartner für den inländischen Fertigungsbetrieb bei allen Fragen und Schwierigkeiten. Darüber hinaus nehmen Sourcing Hubs Qualitätskontrollen, Produktionsüberwachungen sowie Zoll- und Logistikabwicklungen vor.

Beispielsweise hat auch der Automobilzulieferer Continental eine Einkaufsorganisation in Shanghai mit dem Ziel etabliert, durch die Beschaffung von Rohstoffen, Komponenten und sonstigen Einsatzgütern in China zusätzliche Einsparungen mit niedrigeren Einkaufspreisen zu generieren.

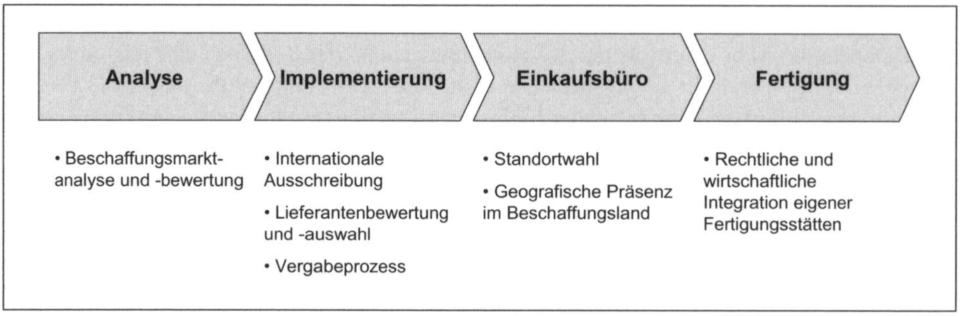

Abbildung 13: *Entwicklungsphasen von Global Sourcing*

Die letzte Stufe auf dem Weg zur integrierten globalen Beschaffung ist der Aufbau oder die Verlagerung der Produktion auf den Auslandsmarkt. Hierbei erfolgt die Fertigung bislang durch einen externen Lieferanten bezogener Materialien und Dienstleistungen über eine rechtlich, personell und wirtschaftlich vollständig integrierte Produktionsstätte. Diese Entwicklung haben bereits alle global agierenden Konzerne vollzogen. Ebenso unterhalten mittelständische Unternehmungen Fertigungsniederlassungen im Ausland. So äußert sich der Finanzvorstand der Heidelberger Druckmaschinen, Dr. Herbert Meyer, über die asiatische Präsenz sehr positiv: „Auch bietet unser neuer Standort in China bei der Beschaffung große Chancen: Da wir vor Ort sind und Lieferantenbeziehungen langfristig aufbauen können, werden wir den Anteil der zugelieferten Teile aus dem asiatischen Raum sicherlich erhöhen – so werden wir unsere Kosten senken und dabei die hohe Qualität beibehalten.“[8]

Die aktuelle Diskussion über Global Sourcing erwähnt größtenteils asiatische Länder als Beschaffungsstandorte. Es gilt auch Standorte in die Auswahl zu integrieren, die ebenso signifikante Lohnkostenunterschiede aufweisen und dabei in unmittelbarer Reichweite zu Deutschland liegen. Hierbei ist besonders die Slowakische Republik hervorzuheben.

3.4 Porträt: Slowakische Republik – das Lohnkosten- und Steuerparadies

Bereits zu Beginn der 90er Jahre zählte die Slowakische Republik zu den bevorzugten Standorten für den Maschinen- und Anlagenbau. Die Attraktivität der Slowakei als Produktions- und Beschaffungsstandort lässt sich auf drei wesentliche Faktoren zurückführen:

1. Günstiges Verhältnis zwischen Preis und Qualität der Arbeitskraft und der Produktivität
2. Günstige geografische Lage
3. Günstige Besteuerung

8 Vgl. Geschäftsbericht Heidelberger Druckmaschinen 2005, S. 8

Die Wirtschaft der Slowakei befindet sich im Umbruch. Zu Zeiten der Tschechoslowakei waren in der Slowakei die Metallindustrie, die chemische Industrie, die Rüstungsindustrie und die energieerzeugende Industrie die tragenden Säulen der Wirtschaft. Rund 60 Prozent der unter dem Begriff Maschinenbau zusammengefassten Unternehmen gehörten zur Waffenindustrie. Dies änderte sich seit dem Umbruch im Jahre 1989 grundlegend. Der Dienstleistungssektor hat in den Jahren nach 1991 enorm an Bedeutung gewonnen. Die Industrieproduktion sank von 61 Prozent des BIP im Jahre 1991 auf 24 Prozent im Jahre 2000. Inzwischen taxieren Experten das Risiko einer Kapitalanlage in der Slowakei wesentlich geringer als noch vor dem Nato-Beitritt. Auch der Kurs der Slowakischen Krone (SSK) stieg gegenüber dem US-Dollar zuletzt deutlich und konnte sich auch gegenüber dem Euro behaupten.

Insbesondere der politische Wechsel im Jahr 1998 hat den Weg für ausländische Investoren frei gemacht, ein Faktor, der für den Arbeitsmarkt der Slowakei und damit auch für die Nachfrage im Land von großer Bedeutung ist. Der Staat vollzog einschneidende Änderungen im Einkommensteuerrecht und traf erfolgreiche wirtschaftspolitische Entscheidungen. Hierzu zählen die Förderung von Unternehmensgründungen in strukturschwachen Gebieten, die Annäherung des Rechtssystems an das EU-Recht, die Angleichung der Einkommens- und Mehrwertsteuersätze sowie der Abschreibungsmodalitäten an die EU-Gegebenheiten. Darüber hinaus ist der Gesetzgeber dabei, investitionshemmende Faktoren wie die langen Genehmigungsverfahren beim Grundstückerwerb und dem Immobilienbau abzubauen.

Der Ausbau der Infrastruktur, die mit der Teilprivatisierung und Modernisierung der Telekommunikation im Jahr 2000 begann, soll fortgesetzt werden. Das Netz von Autobahnen und Schnellstraßen wird erweitert. Ein weiterer Faktor für das ökonomische Gleichgewicht soll durch die Sanierung des Bankensektors geschaffen werden.

Eine politische Herausforderung sind die regionalen Unterschiede in der Slowakei. Während in der Hauptstadt Bratislava die Arbeitslosenquote unter 5 Prozent liegt, erreicht sie im strukturschwachen Osten des Landes über 30 Prozent. Ursächlich dafür ist, dass sich ausländische Investoren vornehmlich im Westen des Landes und dort vor allem in Bratislava niederlassen; rund 60 Prozent der ausländischen Direktinvestitionen flossen in den vergangenen Jahren in diese Region. Mittelfristig darf jedoch auch mit einer Ansiedlung von Unternehmen in den strukturstärkeren Gebieten der Nord- und Ostslowakei gerechnet werden. Schon jetzt bestehen Zweifel, ob ausländische Neuinvestoren im Westen die nötige Zahl an Fachkräften finden. Vorerst jedoch liegt der Fokus der ausländischen Unternehmen noch in dieser Region.

Problematisch ist vor allem die Tatsache, dass die Eigentumsrechte der kleinen slowakischen Unternehmen weitaus weniger geschützt werden als die der ausländischen Konzerne. Kleine nationale Betriebe erhalten weniger Vergünstigungen, zudem befinden sich die Schwerindustrie- und Chemieunternehmen im Osten in einer Krise, so dass dort neben schweren Umweltbelastungen mit weiteren Firmenzusammenbrüchen zu rechnen ist. Jedoch muss die Arbeitslosenquote unter dem Aspekt relativiert werden, dass das Sozialversicherungssystem keine Anreize für die Schaffung von Beschäftigung bietet. Ein slowakischer Durchschnittslohn betrug im Jahr 2006 rund 400 Euro im Monat. In Bratislava und Umgebung liegt der Durchschnittslohn rund ein Drittel höher, während er in der östlichen Region Prešov etwa um ein Viertel niedriger liegt. Allerdings fällt der Unterschied wesentlich gravierender aus, wenn man die ärmsten Bezirke mit der Hauptstadt vergleicht.

Das EU-Statistikamt Eurostat hat Zahlen veröffentlicht, nach denen die Slowaken nach Litauen den zweitniedrigsten Mindestlohn in der erweiterten EU haben werden. Der Mindestlohn beträgt in der Slowakei 40 Prozent des Durchschnittslohnes. Das sind zurzeit 5.570 SKK – dies entspricht 135 Euro. Gewerkschaften forderten bereits eine Erhöhung des Mindestlohnes um 20 Prozent, Wirtschaftsexperten lehnen dies ab und argumentieren mit dann notwendigen Entlassungen. Nachfolgend bietet Abbildung 14 eine Übersicht der Lohnkosten im europäischen Vergleich.[9]

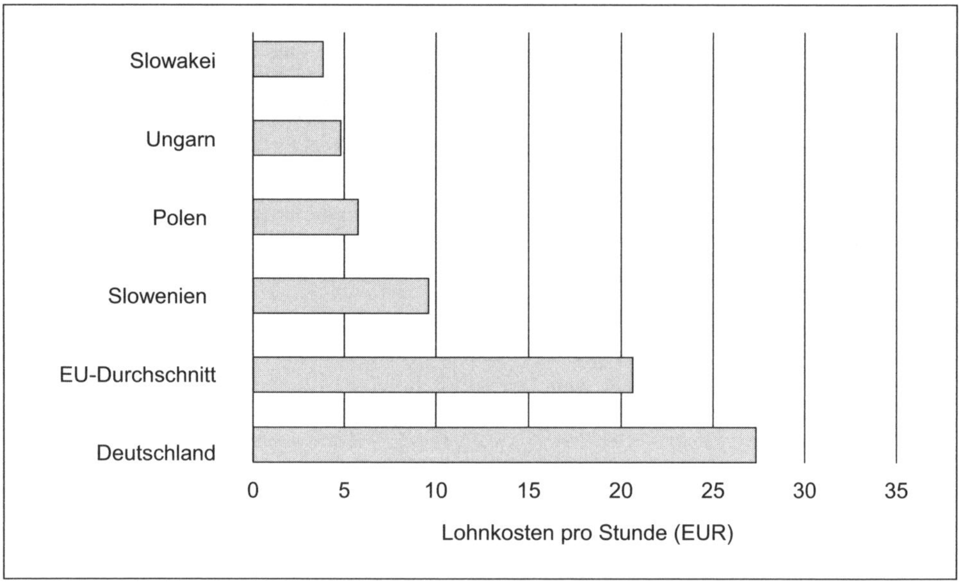

Abbildung 14: *Internationale Lohnkosten in der Industrie (Slowakische Investment- und Handelsagentur, 2006)*

Im Mai 2003 wurde eine Steuerreform verabschiedet, die sowohl die Mehrwertsteuer als auch die Einkommenssteuer in der Slowakei ab dem Jahr 2004 auf 19 Prozent festlegt. Die Erbschafts- und Schenkungssteuer wurden aufgehoben. Treibstoffe und Erdöl sollen künftig stärker besteuert werden. Die zunehmende Steuerhinterziehung, die durch die intransparente Legislative, den Mangel an Steuerbeamten und die Verabschiedung immer neuer Steuergesetze begünstigt wurde machte diese Reform erforderlich. Der einheitliche Steuersatz schafft mehr Transparenz und bietet den Unternehmen einen Anreiz, die Steuern im eigenen Land zu zahlen.

---

9 Vgl. Slowakische Investment- und Handelsagentur, 2006

Erste positive Auswirkungen der Steuerreform sind bereits erkennbar: Die Automobilindustrie hat in jüngster Zeit offensichtlich eine Vorliebe für die Slowakei entwickelt. Volkswagen steigerte seine Produktion in Bratislava und PSA Peugeot Citroën eröffnete ein neues Werk in Trnava. Bereits jetzt kann man davon ausgehen, dass sich die Slowakei in den nächsten zwei Jahren im Verhältnis zu ihrer Einwohnerzahl unter den drei größten Automobil-Produzenten der Welt etablieren wird. Nachdem sich jetzt auch Hyundai entschloss, sein neues Werk in Žilina zu bauen, könnte die Slowakei führend in dieser Branche werden. Das neue Werk wird inklusive Zuliefererfirmen 5.000 Arbeitsplätze schaffen. 700 Millionen Euro investiert Hyundai in sein erstes Werk in Europa. Im Zuge dessen wird auch die Infrastruktur verbessert. Experten sehen jedoch weniger in der Steuerreform als in den niedrigen Löhnen den Investitionsanreiz für ausländische Unternehmen.

3.5 Datenrecherche – Informationsquellen für den internationalen Einkauf

Grundlage aller Global Sourcing Aktivitäten ist die Generierung einer aussagekräftigen Informationsbasis. Die Beschaffungsmarktrecherche umfasst sowohl die primäre wie auch sekundäre Informationsgewinnung. Während bei einer primären Informationsgewinnung relevante Fakten aus direkten Gesprächen mit Experten gewonnen werden, werden sekundäre Informationen indirekt gewonnen. Es ist empfehlenswert, die sekundäre Beschaffungsmarktforschung zuerst durchzuführen, um sich einen ersten Eindruck zu verschaffen. Resultate einer Sekundärforschung können dann in der Primärforschung zielorientiert überprüft werden. Eine professionelle Beschaffungsmarktanalyse umfasst folgende Inhalte:

- Volkswirtschaftliche Daten (Bevölkerung, Währung, Größe, BIP etc.)
- Beschaffungsmarktgröße, -struktur und -entwicklung
- Qualitätssicherungsmaßnahmen
- Steuerliche und rechtliche Rahmenbedingungen
- Politisches, kulturelles Umfeld
- Namen der Lieferanten
- Internationalität, Struktur und Entwicklung des Zuliefermarktes

Informationsquellen für die Sekundärforschung sind im Allgemeinen im Internet kostenfrei einsehbar. Als wichtigste Sekundärquellen seien genannt:

- Außenhandelskammern
- Auswärtiges Amt

- Bankenverbände
- Deutscher Industrie- und Handelskammertag
- Europäische Union
- Bundesverband Materialwirtschaft, Einkauf und Logistik
- Organization for Economic Co-Operation and Development (OECD)
- Vereinte Nationen (UN)
- Weltbank

Bei der primären Beschaffungsmarktforschung dagegen müssen die Unternehmen Informationen selbst beschaffen. Dadurch entstehen nicht selten erhebliche Kosten- und Zeitnachteile. Die gängigsten Verfahren zur Informationsgewinnung im Rahmen von internationalen Beschaffungsaktivitäten sind:

- Messebesuche
- Firmenbesuche
- Gespräche mit Außenhandelskammern
- Gespräche mit Lieferanten, Wettbewerbern oder Logistikunternehmen

4. Abwicklungs- und Zahlungsmodalitäten

Neben dem Einstandspreis ist besonders den Abwicklungs- und Zahlungsformalitäten beim Lieferantenvertrag Beachtung zu schenken. Das Kleingedruckte entscheidet. Obwohl Zahlungsbedingungen einen festen Bestandteil von Lieferverträgen bilden, ist deren genaue Bedeutung und Auswirkung in der Praxis oftmals unklar. Ferner finden im Rahmen grenzüberschreitender Lieferungen zunehmend internationale Verträge und UN-Kaufrecht Anwendung. Diese werden im Folgenden ausführlich beschrieben.

4.1 Liefer- und Zahlungsbedingungen

Liefer- und Zahlungsbedingungen werden in der Praxis zumeist als lästige Formalien angesehen, denen meist unzureichende Beachtung geschenkt wird. Gerade bei internationalen Beschaffungsaktivitäten sind diese jedoch von groβer Wichtigkeit. Nachfolgend ein Überblick über die bedeutendsten Zahlungsbedingungen für internationale Beschaffungsaktivitäten:

Nichtdokumentäre Zahlungsbedingungen

- Zahlung gegen eine offene Rechnung: Hierbei verzichtet der Verkäufer auf jegliche Art von Zahlungssicherung. Das ist in der betrieblichen Praxis jedoch erst bei längeren Geschäftsbeziehungen üblich.
- Vorauszahlung: Der Käufer verpflichtet sich zur Zahlung des Kaufpreises, bevor die Ware versendet wird.
- Anzahlung: Diese Abmachungen werden überwiegend bei langen Lieferzeiten getroffen.
- Zahlung bei Lieferung: Diese Zahlungsbedingung bleibt bei Auslandsgeschäften auf Land- und Lufttransporte beschränkt. Der Spediteuer übernimmt das Inkasso der Auslieferung.

Dokumentäre Zahlungsbedingungen

Beim Dokumenten-Inkasso beauftragt der Lieferant seine Bank, dem Kunden gegen Zahlung oder Akzeptieren eines Wechsels die erforderlichen Dokumente auszuhändigen, die ihn berechtigen, über die Waren zu verfügen. Der Käufer geht in diesem Fall das Risiko ein, die Zahlung zu leisten, ohne im Vorfeld die Lieferung prüfen zu können. Der Transfer der Dokumente kann gemäß nachstehender Zahlungsbedingungen erfolgen:

- Dokumente gegen Zahlung
- Dokumente gegen Akzept (dem Kunden wird ein mit einem Wechsel abgesichertes Zahlungsziel eingeräumt)
- Dokumenten-Akkreditiv (Zahlung an den Lieferanten erfolgt nur bei Erfüllung der Akkreditivbedingungen durch Dokumente)

4.2 Der Gefahren- und Kostenübergang nach Incoterms 1990

Incoterms (International Commercial Terms) sind einheitliche internationale Regeln für die Auslegung handelsüblicher Vertragsformeln im internationalen Warenhandel. Sie wurden von der internationalen Handelskammer entwickelt und 1936 angenommen. In der Folgezeit sind sie mehrfach den Verhältnissen angepasst worden, die jetzt gültige Fassung ist von 1990. Die Incoterms sind nicht mit Gesetzeskraft ausgestattet, ihre Geltung ist vom Willen der Parteien abhängig. Sie werden nur rechtskräftig, wenn sie zwischen Käufer und Verkäufer im Kaufvertrag vereinbart werden. Sonderbestimmungen in einzelnen Verträgen zwischen den Parteien gehen den Incoterms vor.

Die Incoterms behandeln den Gefahrenübergang im Sinne der Preisgefahr, das heisst, dass der Käufer, wenn die Gefahr auf ihn übergegangen ist, zur vertragsgemäßen Zahlung des Kaufpreises verpflichtet bleibt, selbst wenn die Ware nach diesem Zeitpunkt untergegangen ist oder eine Wertminderung erfahren hat. Sie regeln nur die Rechte und Pflichten des Verkäufers und des Käufers; Beförderungs- und Speditionsverträge bleiben von den Incoterms unberührt. Insbesondere werden neben dem Gefahrübergang geregelt:

- Verteilung der Kosten auf Verkäufer und Käufer
- Beschaffung der Dokumente
- Übergang der Sorgepflicht

Sie regeln nicht:

- die Zahlungsbedingungen
- den Gerichtsstand
- den Eigentumsübergang
- die Mängelrüge

Incoterms werden in vier Gruppen unterteilt. Die Anordnung der Gruppen demonstriert die steigende Verantwortung für die zu liefernden Waren seitens des Verkäufers.

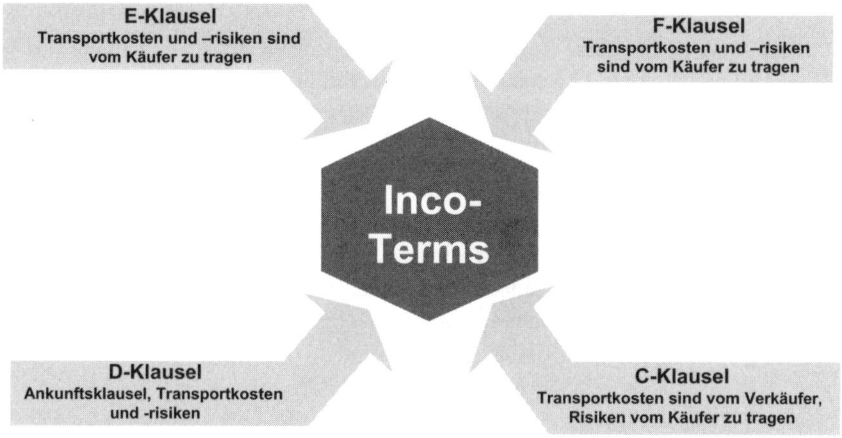

Abbildung 15: *Übersicht Incoterms*

C-Klauseln: Der Haupttransport wird vom Verkäufer bezahlt.

- *CFR (cost and freight): Kosten und Fracht*
  Die CFR-Klausel wird beim Transport mit dem Schiff verwendet. Der Verkäufer muss nur dafür sorgen, dass die Ware in ordnungsgemäßen Zustand über die Reling auf das Schiff gelangt, das heisst, die Gefahr der Beschädigung oder Zerstörung auf dem Schiff geht auf den Käufer über. Zu bezahlen hat der Verkäufer jedoch Kosten und Fracht (einschließlich Ausfuhr), die bis zur Lieferung zum Zielhafen anfallen. Die CFR-Klausel deckt sich insoweit mit der CIF-Klausel, die jedoch noch eine vom Verkäufer abzuschließende Versicherung beinhaltet. Die Versicherung deckt dabei gerade die Transportgefahr ab. Wird nicht per Schiff transportiert, kommt die CPT-Klausel infrage.

- *CIF (cost, insurance, freight): Kosten, Versicherung, Fracht*
  Die CIF-Klausel ist eine im Überseegeschäft häufig verwendete Transportklausel, wonach der Verkäufer für Kosten bis zur Lieferung, Versicherung und Frachtkosten aufkommt. Der Verkäufer muss im Ausfuhrland die Zollabfertigung durchführen. Durch diese Klausel wird nach deutschem Recht auch der Leistungsort bestimmt. Demnach ist der Verschiffungshafen der Leistungsort. Die Gefahr des zufälligen Untergangs geht also auf den Käufer über, wenn der Verkäufer die Ware auf dem Schiff abgeliefert hat (das entspricht einer FOB-Transaktion mit zusätzlicher Übernahme von Cost, Insurance, Freightcharges). Dies bedeutet, dass der Verkäufer für eine Beschädigung oder Vernichtung der Ware während des Transports nicht mehr verantwortlich ist. Der Käufer muss sich dann an die vom Verkäufer abgeschlossene Versicherung wenden, die jedoch nur ein Minimum an Versicherungsschutz bietet, wenn nicht der Abschluss einer weitergehenden Versicherung vereinbart wurde. Wenn der Transport nicht per Schiff erfolgt, kommt die CIP-Klausel in Betracht.

- *CPT (carriage paid to ...): Frachtfrei*
  Frachtfrei bedeutet, dass der Verkäufer die Kosten des Transports trägt. Alle übrigen Kosten (Zölle, Steuern, Abgaben, Zollformalitäten) trägt der Käufer. Die Gefahr von Verlust oder Beschädigung geht mit Übergabe an den Frachtführer auf den Käufer über.

- *CIP (carriage and insurance paid to ...): Frachtfrei versichert*
  Diese Klausel verpflichtet den Verkäufer, die Kosten des Transports zu tragen („frachtfrei", die weiteren Kosten zum Beispiel auch den Zoll, trägt der Käufer wie CPT) und eine Versicherung für den Transport abzuschließen und zu bezahlen („versichert"). Die Gefahr der Beschädigung oder des Verlusts trägt dann zwar der Käufer ab der Übergabe an den Frachtführer; der Käufer erhält jedoch im Schadensfall Ersatz von der Versicherung. Der Verkäufer ist ohne weitere Vereinbarung aber nur verpflichtet, eine Versicherung mit Mindestdeckung abzuschließen.

D-Klauseln: Ankunftsklauseln

- *DAF (delivered at frontier): Geliefert Grenze*
  Mit der DAF-Klausel verpflichtet sich der Verkäufer, die Ware auf einem Transportmittel bis zur Grenze zu liefern und dem Käufer zur Verfügung zu stellen.

- *DES (delivered ex ship): Geliefert ab Schiff*
  Bei der DES-Klausel ist der Verkäufer verpflichtet, die Ware per Schiff zum Zielhafen zu transportieren. Er ist jedoch für die Entladung nicht mehr zuständig. Kosten und Gefahr trägt der Käufer ab Entladung.

- *DEQ (delivered ex quay): Geliefert ab Kai*
  Bei der DEQ-Klausel muss der Verkäufer die per Schiff gelieferte Ware noch entladen (lassen) und am Kai zur Verfügung stellen. Erst dort gehen Gefahr und Kosten auf den Käufer über.

- *DDU (delivered duty unpaid): Geliefert unverzollt*
  Die DDU-Klausel verpflichtet den Verkäufer, die Ware für die Einfuhr freizumachen und am bestimmten Ort auf einem Transportmittel zur Verfügung zu stellen. Den Zoll muss jedoch der Käufer zahlen. Er muss auch alle Formalitäten erledigen.

- *DDP (delivered duty paid): Geliefert verzollt*
  Die DDP-Klausel ist die günstigste für den Käufer. Der Verkäufer muss alle Kosten und Gefahren des Transports bis zum Bestimmungsort tragen, einschließlich des Zolls.

E-Klauseln: Ab Werk

- *EXW (ex works): Ab Werk*
  Der Verkäufer ist lediglich dazu verpflichtet, die Ware auf seinem Grundstück (Fabrik, Lager, Werk) bereitzustellen. Alle Kosten für Transport, Versicherung und Ausfuhr trägt der Käufer. Die Gefahr von Verlust oder Beschädigung geht mit Bereitstellung an der vereinbarten Stelle auf den Käufer über. Der Frachtführer muss das Material selbst aufladen, denn wenn der Auftraggeber beim Einladen einen Schaden verursacht, dann haftet die Versicherung nicht.

F-Klauseln: Der Haupttransport wird vom Verkäufer nicht bezahlt.

- *FCA (free carrier): Frei Frachtführer*
  Die FCA-Klausel verpflichtet den Verkäufer, die Ware einem Frachtführer am benannten Ort zu übergeben und für die Ausfuhr freizumachen. Die Kosten und Gefahren des Transports trägt der Käufer von diesem Zeitpunkt an.
- *FAS (free alongside ship): Frei Längsseite Schiff*
  Die FAS-Klausel ist eine Abwandlung der FCA-Klausel. Der Verkäufer muss die Ware aber nicht einem benannten Frachtführer an einem bestimmten Ort liefern, sondern längsseits eines bestimmten Schiffs abstellen. Die Kosten und Gefahren des Transports trägt der Käufer.
- *FOB (free on board): Frei an Bord*
  Im Handel per See- oder Binnenschiff ist der Verkäufer bei der FOB-Klausel in Erweiterung der FAS-Klausel verpflichtet, die Ware an Bord des vereinbarten Schiffs zu bringen. Ab Überschreiten der Schiffsreling gehen die Pflicht zur Kostentragung, sowie die Gefahr des Transports auf den Käufer über.

4.3 Internationale Verträge und UN-Kaufrecht (CISG)[10]

Bei der Gestaltung von Kaufverträgen wird in der Praxis oftmals dilettantisch vorgegangen. Dazu kommt bei Kaufverträgen mit internationalem Bezug ein neues Recht, das so genannte UN-Kaufrecht (nachfolgend kurz: CISG für „United Nations Convention on Contracts for the International Sale of Goods" vom 11. April 1980), das im Streitfall auf das Vertragsverhältnis anzuwenden ist. Allenfalls ist eine entsprechende Klausel in den Allgemeinen Geschäftsbedingungen (AGB) eines oder beider Vertragspartner enthalten. Oft ist jedoch fraglich, ob und gegebenenfalls welche AGB tatsächlich vereinbart wurden. AGB können auch ganz oder

10 Vgl. Berlin Partner GmbH, Internationale Verträge und UN-Kaufrecht, Berlin, 2005, S. 2 ff.

teilweise unwirksam sein. Immer wieder finden sich auch in den AGB Kombinationen von Gerichtsstands- und Rechtswahlklauseln, die inhaltlich nicht zueinander passen und daher wenig zweckmäßig sind. In zahlreichen Fällen werden diese Punkte erst dann behandelt, wenn es bereits zu spät ist. Nachfolgend wird als ein Teilaspekt der Konfliktbewältigungsregeln ausschließlich die Frage angesprochen, ob es sinnvoll ist, das CISG als auf den Vertrag anwendbares Recht gelten zu lassen bzw. gezielt zu vereinbaren, oder ob - wie dies häufig geschieht - das CISG grundsätzlich gemieden werden sollte.

Findet man Rechtswahlklauseln in internationalen Verträgen oder in AGB, so hat man sich häufig oder in der Regel auf das Recht eines der beiden Staaten geeinigt, in denen die Vertragsparteien ihren Sitz haben. Oft besteht dann folgende Formulierung: „Dieser Vertrag unterliegt deutschem Recht mit Ausnahme des UN-Kaufrechts (CISG)". Wer eine solche Formulierung verwendet, dem war zumindest bewusst, dass das CISG grundsätzlich Teil des deutschen Rechts ist und immer dann mit vereinbart wird, wenn keine ausdrückliche Ausschlussklausel enthalten ist und nur auf das deutsche Recht - oder das Recht eines anderen Vertragsstaats des CISG - verwiesen wird. Im Folgenden werden die Inhalte des CISG vor allem hinsichtlich der Pflichten der Parteien aus einem Kaufvertrag und hinsichtlich der Rechtsbehelfe bei Verletzung dieser Pflichten dargestellt. Dieser Komplex erscheint als besonders wichtig, um dem Kaufmann einen ersten Überblick über die Inhalte des CISG zu vermitteln. Einzelne, weniger wesentliche Aspekte werden ausgespart. Es findet auch keine vertiefte wissenschaftliche Auseinandersetzung mit der Rechtsprechung und Literatur zum CISG statt, die mittlerweile einen erheblichen Umfang angenommen hat. Konkrete Einzelfälle können daher mit den nachfolgenden Hinweisen natürlich nicht gelöst werden. Vielmehr bedarf es stets sachverständiger Beratung und in aller Regel auch einer auf den Einzelfall besonders abgestimmten Lösung, sowohl bei der Gestaltung von Verträgen als auch bei der Behandlung von Streitfällen, in denen das CISG eine Rolle spielt.

4.3.1 Anwendungsbereich des CISG

Im internationalen Handel ist das CISG von erheblicher Bedeutung, da mittlerweile alle führenden Wirtschaftsnationen das Übereinkommen ratifiziert haben. In Deutschland ist das CISG seit 1. Januar 1991 in Kraft. Die Anwendbarkeit des CISG setzt das Vorliegen eines internationalen Vertrages voraus. Was unter diesem Begriff zu verstehen ist, wird unmissverständlich in Artikel 1 CISG geregelt. Nach dieser Vorschrift liegt ein internationaler Vertrag immer dann vor, wenn

a) die Vertragsparteien ihre Niederlassungen in verschiedenen Vertragsstaaten haben

b) die Regeln des internationalen Privatrechts auf das Recht eines Vertragsstaates des CISG verweisen.

4.3.2 Fragen des Kaufvertrages, die das CISG nicht regelt

Hat man sich für die Einbeziehung des CISG in die Rechtsvorschriften entschieden, denen ein Vertrag unterliegen soll oder gegen den bewussten Ausschluss des CISG, so sollte man sich gleichzeitig bewusst machen, dass damit nicht alle Probleme des anwendbaren Rechts gelöst sind. Denn das CISG hat keine umfassende Vereinheitlichung des Kaufvertragsrechts bewirkt. Es regelt im Wesentlichen den Abschluss des Vertrages sowie die Rechte und Pflichten der Vertragsparteien. Eine Reihe von Fragen wird nicht behandelt bzw. ausdrücklich ausgeschlossen. Ungeregelt geblieben ist im CISG zum Beispiel die inhaltliche Kontrolle von AGB. Diese richtet sich nach dem jeweiligen nationalen Recht des entscheidenden Gerichts. Das CISG regelt zwar das Verpflichtungsgeschäft als solches, das heißt den Kaufvertrag, der den Verkäufer verpflichtet, dem Käufer das Eigentum an der Kaufsache zu verschaffen. Damit ist jedoch zumindest nach deutschem Recht noch nichts über die tatsächliche Eigentumsübertragung der Kaufsache gesagt. Die Regelung der Eigentumsverhältnisse an der Kaufsache ist vielmehr Sache des sogenannten Verfügungsgeschäfts. Dieses wird nach herrschender Auffassung vom CISG nicht geregelt. Möglicherweise würde deshalb ein Streit nach deutschem Recht anders entschieden als nach französischem. Denn in Frankreich gilt bereits mit Abschluss des Kaufvertrages das Eigentum an der Ware als übergegangen, während das nach deutschem Recht nicht der Fall ist.

Auch die Verjährung von Ansprüchen des Verkäufers oder Käufers wird vom CISG nicht geregelt. Deshalb ist auf die Frage der Verjährung, soweit deutsche Gerichte darüber zu entscheiden haben, deutsches Recht anzuwenden bzw. das Recht, auf das die Kollisionsnormen des entscheidenden Gerichts verweisen oder das die Vertragsparteien vereinbart haben. Das CISG regelt schließlich auch nicht die Produzentenhaftung. Nach Artikel 5 CISG richtet sich die Haftung für den von einer Ware verursachten Tod oder die Körperverletzung einer Person nicht nach dem Übereinkommen. Auch hier treten die nationalen Rechte, gegebenfalls entsprechende internationale Verträge, ein. In den nicht vom CISG geregelten Bereichen ist jeweils neu zu fragen, welches Recht auf solche ungeregelten Fragen anzuwenden ist. Dabei handelt es sich nicht um ein Problem, dessen Lösung man dem Schicksal bzw. im Streitfall dem Gericht überlassen muss. Vielmehr ist es in vielen Fällen möglich und sinnvoll, mit einer zusätzlichen Rechtswahlklausel vorbeugend die Anwendung einer Rechtsordnung zu vereinbaren, die die geeigneten Lösungen vorgibt. Das setzt voraus, dass man auch weiß, welche Rechtsordnung berufen wäre, wenn man gar nichts regelt. Dies wiederum kann davon abhängig sein, welches Gericht im Streitfall zu entscheiden hat. Auch über die Vereinbarung eines Gerichtsstandes kann insofern Einfluss auf die Behandlung möglicher Konflikte genommen werden.

4.3.3 Materielles Recht

Entscheidender als die nicht geregelten Bereiche ist jedoch selbstverständlich, welche Inhalte das CISG positiv regelt. Kurz gesagt, regelt es den Kernbereich des Kaufrechts für grenzüberschreitende Kaufverträge, also das Zustandekommen von Verträgen, die Pflichten und Rechte der Parteien und das Recht der Leistungsstörungen.

a) Zustandekommen des Vertrages

Nach Artikel 11 CISG können Verträge formlos, also auch mündlich geschlossen werden. Einzelne Staaten können sich jedoch vorbehalten, auf anderweitigen Regelungen zu bestehen. Solche Vorbehalte haben u. a. Russland, die Ukraine, Weißrussland, Ungarn, China, Argentinien und Chile erklärt. In diesen Staaten bestehen zum Teil strenge Formvorschriften für Verträge mit Angehörigen ausländischer Staaten. Allerdings können diese Formvorschriften vor vielen Gerichten nicht unbedingt durchgesetzt werden, vor allem dann nicht, wenn in den betreffenden Staaten die Formvorschriften selbst mittlerweile infrage gestellt werden.

b) Pflichten des Verkäufers

Die Artikel 30 ff. CISG regeln die Pflichten des Verkäufers. Danach ist der Verkäufer verpflichtet, die verkaufte Ware innerhalb vereinbarter oder angemessener Frist zu liefern, Artikel 30 CISG, die die Ware betreffenden Dokumente zu übergeben, Artikel 30 CISG, dem Käufer das Eigentum an der Ware zu verschaffen, Artikel 30 CISG, vertragsgemäße Ware zu liefern, Artikel 35 CISG. Das CISG geht als Normalfall vom Beförderungskauf aus, der dem Versendungskauf des deutschen BGB entspricht. Der Verkäufer hat für die Beförderung Sorge zu tragen, also in der Regel die erforderlichen Verträge abzuschließen. Die Kosten trägt, wenn nichts anderes vereinbart ist, der Käufer. Die Gefahr geht mit Übergabe der Kaufsache an den ersten Beförderer über. Geht die Ware nach Gefahrübergang unter oder wird sie beschädigt, muss der Käufer dennoch den vollen Kaufpreis bezahlen, Artikel 66-70 CISG. Die Vertragsmäßigkeit der Ware umfasst gemäß Artikel 35 CISG Menge, Qualität, Art sowie Verpackung oder Behältnis. Entscheidend sind gemäß Artikel 35 Abs. 2 CISG die Vereinbarungen im Vertrag, sonst der Zweck, den der Vertrag für die Ware voraussetzt, was unter Umständen durch Auslegung zu ermitteln ist.

c) Untersuchungs- und Rügepflichten sowie Rechtsbehelfe des Käufers und Nachbesserungsrecht des Verkäufers

aa) Der Käufer hat gemäß Artikel 38 CISG „innerhalb einer so kurzen Frist die Ware zu untersuchen, wie es die Umstände erlauben", und bei erkennbaren Mängeln innerhalb einer angemessenen Frist zu rügen. Kommt er diesen Verpflichtungen nicht nach, verliert er seine Gewährleistungsansprüche, es sei denn, der Verkäufer kannte die Mängel der Ware. Eine allgemeine Rüge reicht nach der Rechtsprechung deutscher Gerichte nicht aus. Vielmehr muss der Mangel so genau wie möglich bezeichnet werden, damit sich der Verkäufer durch die Rüge orientieren und gegebenfalls Abhilfe schaffen kann. Die Untersuchungsfrist beginnt grundsätzlich mit dem Eintreffen der Ware am Lieferort. Dieser bestimmt sich primär nach der Parteivereinbarung. Erfordert der Vertrag eine Beförderung der Ware, so beginnt die Untersuchungsfrist erst mit dem Eintreffen der Ware am Bestimmungsort. Denn es ist davon auszugehen, dass der Käufer regelmäßig erst am Bestimmungsort aufgrund der tatsächlichen Verfügungsgewalt in der Lage ist, die Ware zu untersuchen. Eine Sonderregel besteht auch in Fällen der Umleitung und Weitersendung der Ware. Auch hier verschiebt sich der Beginn der Untersuchungsfrist bis zum Eintreffen der Ware an ihrem neuen Bestimmungsort. Voraussetzung ist jedoch, dass der Verkäufer schon bei Vertragsschluss Kenntnis von der Umleitung bzw. Weiterleitung hatte. Der Käufer sollte daher den Verkäufer frühzeitig auf die Möglichkeit einer solchen Umleitung/Weiterleitung hinweisen und sich die Kenntnisnahme schriftlich bestätigen lassen. Die Dauer der Untersuchungsfrist hängt von den Umständen des Einzelfalles ab. Ausschlaggebend sind die Art und die Intensität der erforderlichen Untersuchung der Ware. Bei der Lieferung eines komplizierten technischen Geräts, dessen Funktionsfähigkeit nur durch ein aufwendiges Prüfverfahren ermittelt werden kann, ist eine Frist von einigen Wochen angemessen. Dagegen muss Ware, die leicht verderblich ist, besonders schnell untersucht werden. Die Rechtsprechung fordert beispielsweise im Fall einer Blumenlieferung eine Untersuchung noch am Tage der Lieferung. Ist die Vertragswidrigkeit offenkundig und durch oberflächliche Untersuchungen feststellbar oder musste der Käufer aufgrund mangelhafter Vorlieferungen mit einer erneuten Mangelhaftigkeit rechnen, wird sich die Untersuchungsfrist wohl auf wenige Tage beschränken.

Wenn der Käufer infolge der Prüfung der Ware eine Vertragswidrigkeit feststellt, muss er dies dem Verkäufer innerhalb einer angemessenen Frist anzeigen. Was unter einer angemessenen Frist zu verstehen ist, ist jedoch noch nicht endgültig geklärt. Während die Gerichte in einigen Mitgliedsstaaten, vor allem in den USA und Frankreich, regelmäßig großzügige Fristen ansetzen, geben deutsche Gerichte dem Käufer im Durchschnitt einen Monat für die Anzeige etwaiger Mängel. Von diesem Richtwert abweichend kann jedoch im Einzelfall eine weitaus kürzere Anzeigefrist geboten sein. Versäumt der Käufer die Anzeigefrist, so hat dies den Verlust sämtlicher auf der Vertragswidrigkeit beruhender Rechtsbehelfe zur Folge. Eine Ausnahme besteht wiederum für den Fall, dass der Verkäufer die die Vertragswidrigkeit begründenden Umstände kannte oder hätte kennen müssen. Unabhängig von der Frage einer angemessenen Frist verliert der Käufer seine Gewährleistungsrechte, wenn er die Vertragswidrigkeit nicht innerhalb von zwei Jahren nach tatsächlicher Übergabe der Waren an seine Person anzeigt.

Neben der Anzeigefrist und der Ausschlussfrist von zwei Jahren spielt für die Geltendmachung vertraglicher Rechtsbehelfe die Verjährung eine entscheidende Rolle. Da Fragen der Verjährung im CISG nicht geregelt sind, muss insofern auf nationales Recht zurückgegriffen werden. Nach deutschem Recht verjähren Kaufrechtsgewährleistungsansprüche gemäß § 438 BGB regelmäßig nach zwei Jahren. Die Verjährungsfrist beginnt mit Ablauf der für die Anzeige vorgesehenen Frist.

bb) In Artikel 45 ff. CISG sind die Rechtsbehelfe geregelt, die der Käufer in der Regel wählen kann, wenn der Verkäufer seine Pflichten nicht vertragsgemäß erfüllt. Im Wesentlichen gibt es folgende Ansprüche:

- Erfüllungsanspruch gemäß Artikel 46 CISG,
- Nachbesserungsanspruch gemäß Artikel 46 CISG,
- Minderung bei vertragswidriger Beschaffenheit gemäß Artikel 44, 50 CISG (auch bei Versäumen der Rügefrist bei vernünftiger Entschuldigung),
- Schadensersatz gemäß Artikel 44, 74 CISG (auch bei Versäumen der Rügefrist bei vernünftiger Entschuldigung, allerdings ohne entgangenen Gewinn). Ein Schadensersatzanspruch kann gemäß Artikel 45 Abs. 2 CISG immer mit anderen Rechtsbehelfen verbunden werden,
- Anspruch auf Aufhebung des Vertrages gemäß Artikel 49 CISG bei einer wesentlichen Vertragsverletzung,
- Anspruch auf Ersatzlieferung und gemäß Artikel 46 CISG bei wesentlicher Vertragsverletzung nicht vertragsgemäßer Ware.

d) Käuferpflichten

Wie im deutschen Recht muss der Käufer den Kaufpreis zahlen und die Ware abnehmen. Erfüllungsort für die Zahlung ist der Sitz des Verkäufers, Artikel 57 Abs. 1 a) CISG. Das Europäische Übereinkommen vom 27.09.1968 über die gerichtliche Zuständigkeit und die Vollstreckung gerichtlicher Entscheidungen in Zivil- und Handelssachen (EuGVÜ) und die deutsche Zivilprozessordnung (ZPO) sehen für Klagen aus einem Vertragsverhältnis unter anderem den Gerichtsstand des Erfüllungsortes vor. Da Erfüllungsort für die Kaufpreiszahlung an einen deutschen Verkäufer nach Artikel 57 Abs. 1 a) CISG stets dessen Sitz in Deutschland ist, ergibt sich also sowohl nach dem EuGVÜ als auch nach der ZPO für den deutschen Verkäufer die Möglichkeit, einen ausstehenden Kaufpreis am Gericht seines Sitzes einzuklagen, solange der Vertrag nichts Abweichendes regelt.

5. Outsourcing – Einsparungen durch Auslagerung

Celanese, eine ehemalige Tochtergesellschaft der Hoechst AG, die 1997 abgespalten wurde und seitdem als börsennotierte Gesellschaft unabhängig am Markt agiert, hat ihre Lohn- und Gehaltsabrechnungen sukzessive ausgelagert. „Weil unsere Personalabteilung mit strategischen und operativ-pragmatischen Aufgaben neu aufgestellt wurde, sollte der Anteil an administrativen Routinetätigkeiten wesentlich verringert werden", begründet Rüdiger Dingeldey, Mitarbeiter Human Resources im Bereich Vergütung und Benefits der Celanese AG, diese Entscheidung. Dadurch sinken für Celanese zum einen die Verwaltungskosten. Zum anderen haben sich auch durch das mit dem BPO (Business Process Outsourcing) meist verbundene Reengineering der bisherigen Prozesse erhebliche Kostenvorteile ergeben. Die Zusammenarbeit mit dem Dienstleister minimiert den Aufwand für den Betrieb der entsprechenden Systeme und gleichzeitig werden die entstehenden Kosten transparenter. Einer Umfrage der Meta Group zufolge sparen Unternehmen durch BPO im Durchschnitt bis zu 14 Prozent ihrer Kosten ein.[11]

5.1 Bestimmung der Leistungstiefe

Die Bestimmung der optimalen Leistungstiefe bildet die Basis für Outsourcing-Maßnahmen und greift tief in das Geschäftsmodell sowie die Art und Ausgestaltung der betrieblichen Wertschöpfung ein. Aus diesem Grund sind Pläne zur Ausgliederung von Prozessen und Funktionen von hoher strategischer Bedeutung und bedürfen einer detaillierten Planung und Entscheidung durch die Geschäftsführung. Zur groben Bestimmung der Leistungstiefe wurde ein Modell konzipiert, das die Kriterien „Marktattraktivität" sowie die „relative Wettbewerbsstärke" in Relation zueinander setzt. Der Terminus „Marktattraktivität" umschreibt dabei sämtliche Faktoren, die für den Abnehmer kaufentscheidend sind. Marktattraktivität lässt sich grundsätzlich in die Dimensionen Kosten, Zeit und Qualität aufgliedern. In Abhängigkeit des Produktes gilt es, diese Grundkriterien anzupassen und zu detaillieren. So kann die Qualitätsdimension bei einer Fertigungsanlage unter den Aspekten Produktqualität, Qualitätssicherung sowie Servicebereitschaft des Lieferanten analysiert werden. Die zweite Dimension „relative Wettbewerbsstärke" steht für den Grad der dauerhaften Differenzierung gegenüber dem Wettbewerb des jeweiligen Untersuchungsbereiches. Die relative Wettbewerbsstärke setzt sich dabei aus Faktoren wie Ressourcen-, Technologie- und Kostenposition gegenüber dem Wettbewerb sowie die Ersetzbarkeit durch andere Aktivitäten zusammen. Die untersuchten Aktivitäten werden in eine Matrix eingetragen (siehe Abbildung 16). Die Darstellung in der Kompetenz-Matrix ermöglicht eine Gruppierung in Basisfertigkeiten, Investkompetenzen, Reduktionskompetenzen und Kernkompetenzen.

---

11 Vgl. www.ecin.de/strategie/bpo, 21.08.2006

Basisfertigkeiten lassen sich durch eine geringe Marktattraktivität sowie eine schwache Wettbewerbsposition charakterisieren. Hierbei handelt es sich um branchenübliche Fertigkeiten, die zur Führung des Geschäftsbetriebes erforderlich sind. Leistungen dieser Art können von allen Wettbewerbern erbracht werden. Beispiele hierfür sind insbesondere Verwaltungstätigkeiten wie Lohn- und Finanzbuchhaltung, Kantinenservice oder IT-Wartung. Basisfertigkeiten sollten kontinuierlich auf ihr Outsourcing-Potenzial überprüft werden.

Investkompetenzen zeichnen sich dadurch aus, dass sie über eine schwache Wettbewerbsposition verfügen, jedoch über eine hohe Marktattraktivität. In diesem Fall liegt ein kaufentscheidendes Kriterium vor, das der Abnehmer maßgeblich berücksichtigt, das jedoch bei anderen Lieferanten besser ausgeprägt ist. Gelingt es nicht, Investkompetenzen zu eigenen Kernkompetenzen auszubauen, sind diese an externe Anbieter, die über ein überlegenes Leistungspotenzial verfügen, auszugliedern.

Ist das Differenzierungspotenzial dagegen stark ausgeprägt, jedoch für die Kunden in ihrem Abnahmeverhalten nur von geringer Bedeutung, spricht man von einer Reduktionskompetenz. Reduktionskompetenzen sind Unternehmensstärken, die vom Absatzmarkt nicht honoriert werden. Kompetenzen dieser Art verursachen erhöhte Kosten, die es zu reduzieren oder in Investkompetenzen zu verteilen gilt. Nach diesem Schritt empfiehlt sich auch eine detaillierte Prüfung der Ausgliederungsoption an externe Unternehmen.

Kernkompetenzen stehen für eine hohe Marktattraktivität bei gleichzeitig dauerhafter Differenzierung vom Wettbewerb. Kein anderer Marktteilnehmer kann das kaufentscheidende Kriterium derart gut erfüllen. Kernkompetenzen bilden die Grundlage für die Unternehmenskontinuität und sind laufend zu entwickeln, um den Wettbewerbsvorsprung aufrechtzuerhalten und auszubauen. Aufgrund ihrer hohen strategischen Bedeutung sind Kernkompetenzen nicht Gegenstand von Outsourcing-Betrachtungen.

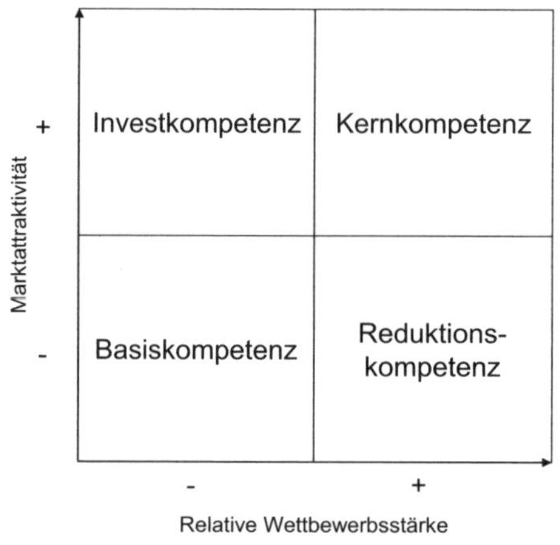

Abbildung 16: *Kompetenz-Matrix*

Im Rahmen von Outsourcing-Optionen gilt es, im Vorfeld zunächst folgende Aspekte zu prüfen:

- Gegenwärtige Kosten der internen Leistungserbringung
- Kosten der Leistungserbringung durch Outsourcing-Anbieter
- Beschäftigungspolitische Auswirkungen der Fremdvergabe
- Umsetzungsdauer und -kosten der Ausgliederung
- Logistik- und Koordinationsaufwand

5.2 Vor- und Nachteile von Outsourcing-Maßnahmen

Unternehmen können durch die Auslagerung von Tätigkeiten von zahlreichen unterschiedlichen Effekten profitieren, die zu Kostensenkungen führen. Diese lassen sich primär auf die Nutzung von Skaleneffekten externer Anbieter zurückführen, die sich auf einzelne Leistungen spezialisieren und große Volumina generieren. Dadurch nutzen Outsourcing-Dienstleister Ressourcen effizienter und profitieren vom Erfahrungszuwachs. Dies führt wiederum zu einer massiven Senkung der Stückkosten. Die Abbildung 17 fasst die Vorteile von Outsourcing-Maßnahmen zusammen.

Abbildung 17: *Ziele des Outsourcings*

Bei intern erbrachten Leistungen sind in den Aufwendungen für Fertigung und Material zu einem großen Teil Fixkosten enthalten. Ausgelagerte Leistungen dagegen werden variabel kompensiert, das heißt, bei Nichtinanspruchnahme der Leistung entstehen keine Kosten. Darüber hinaus entfallen Investitionen zur Implementierung einer eigenen Infrastruktur. Die detaillierte Erfassung interner Kosten bereitet in der betrieblichen Praxis oftmals erhebliche Schwierigkeiten. Abgrenzungs- und Erfassungsprobleme erschweren die exakte Zurechnung von Kosten zu Geschäftsprozessen. Externe Anbieter dagegen stellen die vertraglich vereinbarten Leistungen in definierten Zeiträumen und zu festgelegten Konditionen in Rechnung. Durch die gewonnene Kostentransparenz lassen sich der Planungsprozess sowie das Kostenbewusstsein entscheidend optimieren. Die interne Leistungserbringung ist mit einer Bindung von Finanzmitteln verbunden. Können im Rahmen von Outsourcing-Maßnahmen Vermögensgegenstände veräußert werden, entsteht durch die verringerte Kapitalbindung ein positiver Liquiditätseffekt.

Beispiel: Das Beispielunternehmen ist ein mittelständischer Werkzeugbaubetrieb für die Getränkeindustrie. Im Rahmen eines Outsourcing-Projektes wurden die Lagerbestände für Stahl und Gussteile an das Logistikunternehmen ausgelagert. Inventurarbeiten ergaben, dass das Unternehmen einen durchschnittlichen Lagerbestandswert bei Stahl und Gussteilen von 10 Mio. Euro per annum aufwies. Unter der Annahme eines Zinssatzes von 5 Prozent sind damit rund 500 Tsd. Euro per annum an Kapitalbindungskosten verbunden, die nun die Liquiditätssituation des Unternehmens erheblich verbessern.

Ferner sind die zumeist niedrigeren Personalkosten des Outsourcing-Anbieters ein Vorteil. Diese lassen sich auf optimierte Personalstrukturen und Ressourcenauslastung zurückführen. Die Wettbewerbssituation unter den Outsourcing-Anbietern sowie ihre oftmals geringere gewerkschaftliche Organisation führen zusätzlich zu erheblichen Einsparpotenzialen. Schließlich können durch die Auslagerung von Prozessen auch Risiken in Form von Terminverzögerungen oder Qualitätsproblemen an den Anbieter übertragen werden.

Neben den Kostenvorteilen erweist sich die Fokussierung auf die Kernkompetenzen als das zentrale Motiv für das Outsourcing. Durch die verschärfte Wettbewerbssituation, rasche Innovationszyklen und hohe Kundenanforderungen sind Unternehmen gezwungen, sich auf die Kernkompetenz zu konzentrieren und Randaktivitäten auszugliedern. Es entstehen zusätzliche Kapazitäten, die für den weiteren Ausbau der Kernkompetenzen verwendet werden können. Dadurch wird das Potenzial für nachhaltige Wettbewerbsvorteile und damit der Ausbau der Marktstellung geschaffen. Durch Outsourcing fokussiert sich nicht nur das eigene Unternehmen auf seine Kernkompetenzen, auch der Outsourcing-Dienstleister nimmt ausschließlich seine Spezialaufgaben wahr: Der betriebliche Wertschöpfungsprozess erfordert in Teilbereichen hochqualifizierte und spezialisierte Mitarbeiter, die hohe Personalkosten und Abhängigkeit verursachen. Ein externer Anbieter verfügt dagegen über eine spezialisierte Wissensbasis in seinem Fach, wodurch er den Prozess effizienter bearbeiten kann. Auch partizipiert er am technischen Fortschritt in seinem Aufgabengebiet. Das Unternehmen profitiert somit nicht nur von einem höheren Qualitätsstandard bei einer geringeren Kostenbasis, sondern auch vom Wissen des Outsourcing-Anbieters.

Die Flexibilisierung der Leistungen ermöglicht dem Unternehmen eine Anpassung an die veränderten Marktbedürfnisse. Im Rahmen der Vereinbarung von Service-Levels wird dem Unternehmen ferner eine identische Sicherheit bei Verfügbarkeit und Qualitätsniveau garantiert.

Die Ausgliederung von betrieblichen Prozessen ist jedoch auch mit Risiken verbunden. So ist die externe Vergabe an einen Anbieter mittelfristig nicht wieder rückgängig zu machen. Outsourcing-Verträge haben zumeist eine Laufzeit von mehreren Jahren. In zahlreichen Fällen werden neben Prozessen auch Personal sowie unternehmensspezifische Sachgüter transferiert. Dadurch gerät das Unternehmen in eine Abhängigkeitsposition, die mit Risiken verbunden ist. Generell wird das Abhängigkeitsverhältnis dadurch intensiviert, dass spezielles Wissen an eine dritte Partei gegeben wird. Somit kann sich nicht nur eine spätere Wiederaufnahme dieser Tätigkeiten als problematisch erweisen, auch die Entscheidungsverantwortung über die Tätigkeit wird aufgegeben. Die Entscheidungsvergabe an den Outsourcing-Dienstleister hat Auswirkungen auf den Geschäftserfolg; auch kann der Abfluss von Wissen die Unternehmensentwicklung beeinträchtigen.

Mit zunehmender Komplexität der ausgelagerten Leistung nimmt die Verhandlungsposition des Outsourcing-Dienstleisters und somit dessen Preisdurchsetzungsmacht zu. Steigt die Abhängigkeit des Unternehmens durch höhere Spezifizierung der Leistungen weiter, ist das Unternehmen dem Preisdiktat des Anbieters schutzlos unterworfen. Ferner beinhalten die Insolvenz sowie eine Neuausrichtung des Outsourcing-Unternehmens ein großes Risikopotenzial für dessen Kunden. Relevante Informationen können durch bewusste Weitergabe oder Sicherheitslücken an Wettbewerber gelangen.

Jede ausgelagerte Leistung muss detailliert in „Service Level Agreements“ fixiert werden. Ferner befindet in der Praxis der Anbieter darüber, wie eine Leistung erbracht wird. Da dieser ein hohes Leistungsvolumen anstrebt, möchte er seine Leistungen in einem hohen Standardisierungsgrad anbieten. Aus diesem Grund können oftmals keine individualisierten Leistungen erbracht werden, wie sie bei interner Erstellung ausgeprägt sind. Ebenso kann eine unzureichende Kommunikation zu Qualitäts- und Leistungsdefiziten führen. Dieses Risiko nimmt tendenziell mit zunehmender geografischer und kultureller Distanz zwischen Unternehmen und Outsourcing-Anbieter zu. Gerade bei Offshoring-Projekten stellt dies eine entscheidende Herausforderung dar. Qualitätsmängel beim Outsourcing-Unternehmen können zu erheblichen Konsequenzen für den Auftraggeber und Mängeln beim Endprodukt führen. Daher gilt es, Vertragsstrafen und Sanktionen in die Service Level Agreements aufzunehmen.

Die Generierung von Einsparungen ist der wesentliche Grund für die Ausgliederung von Prozessen. Unzureichende Umsetzung kann jedoch zu einer Erhöhung der Kosten im Vergleich zum Ausgangszustand führen. Kritisch ist dabei vor allem der Vergleich von Eigen- und Fremdherstellungskosten. Den geringeren Aufwendungen einer ausgelagerten Leistung stehen teilweise hohe Transaktionskosten wie Anbahnungskosten gegenüber. Bei laufender Lieferbeziehung mit dem Anbieter gilt es, die Einhaltung der Service Level Agreements zu überprüfen. Dies kann mit erheblichen Kontrollkosten verbunden sein. Zudem sind weitere Kosten mit zunehmender Spezifizierung der Leistung in die Berechnung aufzunehmen. Auch sollte bei hohen Kostenunterschieden zwischen dem Eigen- und Fremdangebot kritisch die Effizienz der eigenen Leistungen geprüft werden. Hohe Abweichungen sind ein Indiz für eine ineffiziente Erbringung interner Leistungen. Eventuell sollten als erste Maßnahme interne Prozessverbesserungen initiiert werden, bevor Leistungen nach außen gegeben werden. Zudem muss geprüft werden, inwieweit die eigenen Herstellungskosten detailliert berechnet werden können.

Grundsätzlich ist eine Outsourcing-Entscheidung nur dann von Erfolg gekrönt, wenn klar ist, bei welchen Materialgruppen keine Kernkompetenz und eine hohe Standardisierbarkeit vorliegen. Ist ein allgemeiner Prozess und dessen IT-Infrastruktur ohne Auswirkung auf den Unternehmenserfolg, liegen gute Voraussetzungen für ein Outsourcing vor. IT-Prozesse lassen sich auf Grundlage des betrieblichen Leistungsprozesses in primäre sowie sekundäre Prozesse sowie auf Basis des Prozessmanagements und deren IT-Unterstützung in Prozessmanagement, Anwendungsmanagement und Infrastrukturmanagement gliedern.

Während beim Business Process Outsourcing ganze Wertschöpfungsstufen ohne strategische Bedeutung nach außen verlagert werden, ist es beim IT-Outsourcing von großer Bedeutung, dass die Prozessebene beim ausgliedernden Unternehmen verbleibt. Jedoch kann das Anwendungs- und Infrastrukturmanagement an den Outsourcing-Partner vergeben werden.

Beim Information Technology Outsourcing kann die komplette IT an externe Dienstleister ausgelagert werden. Hierbei zeichnet der Dienstleister neben Infrastrukturbetrieb und in Anwendungen auch für die laufende Weiterentwicklung (z. B. Technologien, Releases) verantwortlich. In der Praxis übernimmt der IT-Partner die IT-Abteilung inklusive der Mitarbeiter.

5.3 Outsourcing der Beschaffung – Third Party Procurement

Beim Third Party Procurement wird ein selbstständiges Unternehmen damit beauftragt, die Beschaffung von bestimmten Objekten zu übernehmen. Dieses Konzept stellt eine moderne Einkaufsstrategie dar, die den Leistungsumfang im Beschaffungsbereich reduziert (Outsourcing von Beschaffungsleistungen). Damit wird die Beschaffung, nach dem Fertigungs- und IT-Bereich, selbst zum Gegenstand der Make-or-Buy-Frage.

Beim Third Party Procurement lassen sich noch die zwei Unterformen Externe Beschaffungsdienstleister und Beschaffungs-Spin-Off unterscheiden. Ein Externer Beschaffungsdienstleister ist ein selbstständig auf dem Markt operierender Anbieter, der die Bedarfe mehrerer Unternehmen bündelt und beschafft. Bei dieser Form ist vom Auftraggeber besonders auf eine vertragliche Fixierung der Leistungen/Kosten und auf die Geheimhaltung zu achten. Ein Beschaffungs-Spin-Off ist ein Beschaffungsnetzwerk (horizontale Beschaffungskooperation innerhalb der Konzerngrenze), das neben den konzerninternen Netzwerkteilnehmern auch externe Unternehmen einbindet. In den USA gab es bereits in den 90er Jahren erste

Unternehmen, die ihren Einkauf für indirekte Materialien an spezielle Outsourcing-Dienstleister ausgelagert haben. Diese Entwicklung beginnt sich auch in Europa durchzusetzen. Besonders große Konzerne greifen zunehmend auf entsprechende Dienstleister zurück. Das Leistungsangebot umfasst dabei mehrere Services, wie:

- Lieferantenqualifizierung und -selektion
- Lieferantenanfragen und Ausschreibungen
- Transaktionsabwicklung
- Zahlungsmanagement
- Vertragsabwicklung

Ursächlich für den Trend zur Ausgliederung des Einkaufs von indirekten Materialien sind vor allem:

- fehlendes Beschaffungswissen innerhalb der Organisation
- Nutzung von Arbeitskräften in Niedriglohnländern
- Einsparungen durch Volumenbündelung
- Zugang zu Lieferanten

Die Anbieter für Outsourcing-Services lassen sich in drei grundsätzliche Kategorien unterteilen:

1. Transaktions-Provider: Darunter sind primär Software-Anbieter zu verstehen, die Automatisierungs- und Analysetools bereitstellen.
2. Category-Spezialisten: Diese sind auf eine oder wenige indirekte Materialgruppen spezialisiert. Hierbei kann es sich beispielsweise um Druckdienstleistungen oder Zeitarbeit handeln.
3. Umfassende Service-Provider: Dabei lassen sich zwei Gruppen differenzieren, Geschäftsprozess-Outsourcer und Beschaffungsspezialisten. Zu Ersteren zählen Unternehmen, die sich anfangs auf IT-Outsourcing spezialisiert haben und dann ihre Aktivitäten auf die Bereiche Personalwesen, Finanzen und Einkauf ausgedehnt haben. Letztere haben sich ausschließlich auf die Beschaffung direkter und indirekter Materialien fokussiert.

Die Vorteile für den Abnehmer beim Third Party Procurement liegen in einer höheren Flexibilität, dem Zugriff auf Expertenwissen, der Prozesskostensenkung, einer Reduktion der Lieferantenanzahl, in niedrigeren Einstandspreisen durch ein größeres Bündelungsvolumen und der Nutzung von ergänzenden Serviceleistungen. Die Entscheidung für das Third Party Procurement muss unter Abwägung der Gesamtkosten erfolgen.

5.4 Porträt Indien: Führender globaler Standort für IT-Outsourcing[12]

Indien hat sich als Hauptziel für die Auslagerung von IT-basierten Geschäftsprozessen etabliert. Jährlich absolvieren in Indien rund 30 Mio. Spezialisten informationstechnische Studiengänge. Die Qualität der Ausbildung an den Universitäten kann mit deutschen Hochschulen sehr gut konkurrieren. Seit rund 20 Jahren hat sich in Indien eine IT-Infrastruktur mit Forschungseinrichtungen und Unternehmen herausgebildet, die als weltweit führend gilt. Neben den USA verfügt Indien über den größten Forschungsetat für Informationstechnologie. Andere offensichtliche Vorteile des Landes sind eine Regierungspolitik, die IT-Exporte begünstigt, ein englischsprachiges Umfeld und gute Qualitätskontrollsyteme. Die Sicherheits- und Datenschutzgesetze sind im Vergleich zu wichtigen Konkurrenten in der Region auch viel ausgeprägter. Die Exporteinnahmen des BPO-Sektors stiegen in 2004 um 40 Prozent gegenüber dem Vorjahr von USD 2,5 Mrd. auf rund USD 3,6 Mrd. an. Die USA sind dabei bei weitem der größte Absatzmarkt; sie haben einen Anteil von 80 Prozent am Gesamtgeschäft. Aufgrund der steigenden Bedeutung Indiens für das Outsourcing wird im Folgenden auf ökonomische Daten und die Entwicklung des Landes eingegangen.

Die beeindruckende wirtschaftliche Entwicklung Indiens rückt zunehmend in den Blickpunkt der Welt. Ursächlich dafür sind der Liberalisierungsprozess in den vergangenen beiden Jahrzehnten sowie die Tatsache, dass das Land eine erfolgreiche Marktwirtschaft implementiert hat. Dank der fortschreitenden Reformen beschleunigte sich das Wachstum von einem Durchschnittswert von 3,7 Prozent in den 50er und 60er Jahren – der so genannten „Hindu-Wachstumsrate“ – auf robuste 6 Prozent in den 90er Jahren. Von mindestens ebenso großer Bedeutung ist die Tatsache, dass sich auch die sozialen Indikatoren deutlich verbessert haben. Der Anteil der Bevölkerung unterhalb der Armutsgrenze ging von über 50 Prozent in den 50er Jahren auf rund 26 Prozent in den letzten Jahren zurück. Nach allgemeinen Einschätzungen wird sich das BIP alle 12 Jahre verdoppeln, und Indien könnte bis 2020 zur drittgrößten Volkswirtschaft der Welt nach den USA und China aufsteigen.

Indien verfügt derzeit über eine Bevölkerung von knapp 1,1 Milliarden Menschen und ist damit das bevölkerungsreichste Land nach China. Die Bevölkerung wächst jährlich um rund 1,5 Prozent. Zudem ist Indiens Bevölkerung jung. Im Jahr 2002 waren rund 33 Prozent der Bevölkerung jünger als 15 Jahre und nur rund 5 Prozent über dem Pensionsalter von 65 Jahren. Dementsprechend wird ein großer Teil der Bevölkerung in den kommenden 10 bis 15 Jahren im arbeitsfähigen Alter sein, so dass das Arbeitskräfteangebot deutlich ansteigen wird. Dieser Vorteil dürfte noch geraume Zeit anhalten, da der Anteil der unter 15-Jährigen und über 64-Jährigen an der Bevölkerung im arbeitsfähigen Alter (das heisst die Gesamtlastquote) in den nächsten Jahren ständig sinken wird. Von 2003 bis 2020 könnte sich das Arbeitskräfteangebot in Indien um rund 250 Mio. Menschen erhöhen, das heisst um ungefähr durchschnitt-

---

12 Vgl. Deutsche Bank Research, Indien im Aufwind, Frankfurt, 2005, S. 1 – 11

lich 15 Mio. im Jahr. Das Wirtschaftswachstum hängt jedoch nicht nur von der Entwicklung der Bevölkerungszahlen ab. Auch die Qualität der Arbeitskräfte ist von entscheidender Bedeutung, um produktives Potenzial freizusetzen und technischen Fortschritt fortzuführen, Faktoren, die letztendlich zu einem höheren Wachstum führen. In dieser Hinsicht hat Indien noch einen langen Weg vor sich, nicht zuletzt im Vergleich mit seinen regionalen Wettbewerbern.

Der Außenhandel hat in Indien im Vergleich zu anderen großen asiatischen Ländern einen geringen Anteil am BIP, und die Importzölle sind weiterhin vergleichsweise hoch. Die Aussichten für eine bessere Integration in die Weltwirtschaft sind jedoch vielversprechend, da man in der Politik langsam dazu kommt, dass eine weitere Liberalisierung der Handels- und Kapitalverkehrsbeschränkungen erforderlich ist. Die jüngste Senkung der Zölle für Nichtagrarprodukte von 20 Prozent auf 15 Prozent ist zwar ein kleiner Schritt, der zur weiteren Öffnung des Landes beiträgt. Es gelten immer noch zahlreiche Kapitalverkehrsbeschränkungen, insbesondere im Hinblick auf ausländische Direktinvestitionen (ADI), obwohl kürzlich erlassene Richtlinien der Regierung den Grundstein für umfangreiche ausländische Direktinvestitionen legen. Das Potenzial für ausländische Direktinvestitionen in Indien ist beachtlich, nicht zuletzt angesichts der Tatsache, dass die Zuflüsse an Direktinvestitionen derzeit sehr gering sind. Insbesondere ein Vergleich mit China ist aufschlussreich: Die jährlichen Zuflüsse ausländischer Direktinvestitionen beliefen sich in Indien durchschnittlich in den letzten Jahren lediglich auf 0,5 Prozent des BIP (USD 3 Mrd.), in China dagegen auf rund 4 Prozent des BIP (rund USD 45 Mrd.). Dies könnte sich jedoch ändern, wenn weitere Fortschritte in der Deregulierung und Liberalisierung der Märkte gemacht werden. Das Interesse ausländischer Investoren ist bereits beträchtlich.

Aufgrund anhaltender staatlicher Einnahmenausfälle sind die staatlichen Investitionen über die Jahre hinweg stetig zurückgegangen, was zu ernsthaften Engpässen im Infrastrukturbereich geführt hat. Die Qualität der Hafenanlagen, Flughäfen und des Schienennetzes lässt noch viel zu wünschen übrig. Der Stromverbrauch Indiens ist mit gerade 365 Einheiten pro Kopf im Jahr 2001 einer der niedrigsten der Welt. Dies ist vor allem auf eine unzuverlässige Versorgung und ein unzureichendes Verteilungsnetz zurückzuführen. Ähnlich sieht es im Bereich Transport aus: Indien verfügt über eines der größten Verkehrsnetze der Welt, der Sektor wird jedoch dauerhaft durch akute Kapazitäts- und Qualitätsbeschränkungen in Mitleidenschaft gezogen. Die Inflation ist in den vergangenen Jahren deutlich zurückgegangen und hat sich auf einem Niveau von rund 5 Prozent stabilisiert. Eine bessere Haushaltspolitik ist jedoch erforderlich, um weiterhin Preisstabilität wahren zu können. Die schlechte Lage der indischen Staatsfinanzen hat das Wachstum deutlich eingeschränkt. Die so genannten „Entwicklungsausgaben“, wie z. B. Investitionen in die Infrastruktur, die hohen volkswirtschaftlichen Nutzen bringen, sind seit Anfang der 90er Jahre im Verhältnis zum BIP stetig gesunken. Gleichzeitig sind die Ausgaben in anderen Bereichen, insbesondere Zinszahlungen für Staatsschulden, stetig angestiegen. Neben der bereits boomenden IT-Branche dürften die Textil-, Automobil-, die Pharmaindustrie und der Bankensektor von der weiteren Deregulierung der indischen Märkte und der Internationalisierung der indischen Wirtschaft profitieren.

6. Effektives Lieferantenmanagement

Der Einkauf wird nicht nur durch den Zwang zu Einsparungen sowie Outsourcing-Aktivitäten berührt, sondern auch durch veränderte rechtliche Rahmenbedingungen wie das Gesetz zur Kontrolle und Transparenz im Unternehmensbereich (KonTraG). Zudem stellen die größtenteils komplexen Lieferantennetzwerke und Globalisierungsaktivitäten die klassische Einkaufsabteilung verstärkt vor neue Herausforderungen. Diesen Entwicklungen kann durch ein professionelles Lieferantenmanagement-System entgegengewirkt werden. Im Zentrum dieser Methode steht eine leistungsorientierte Lieferantenbewertung nach unternehmensweit einheitlichen und objektiven Kriterien. Dadurch wird eine hinreichende Transparenz über die Leistungsfähigkeit von Lieferanten und somit die Grundlage für deren Förderung und Entwicklung geschaffen.

Kerngedanke eines professionellen Lieferantenmanagement-Systems ist eine abteilungsübergreifende Bewertung von Lieferanten nach mehreren Dimensionen. Wurde in der Vergangenheit ein Lieferant zumeist nach Einkäuferkriterien wie Preis und Qualität bewertet, erfolgt in einem umfassenden Lieferantenmanagement-System eine Evaluation, die über die konventionellen Bewertungskriterien hinausgeht. Zunehmend rücken dabei Kriterien wie das Risiko, die Übereinstimmung mit den Unternehmensrichtlinien sowie die Innovation in den Vordergrund. Ebenso wird die Bewertung nicht ausschließlich durch den Einkauf, sondern durch Abteilungen vorgenommen, die über spezielle Sachkenntnis und anwendungsbezogene Erfahrung verfügen.

Für einen führenden Sportartikelkonzern bilden beispielsweise gute Lieferantenbeziehungen einen maßgeblichen Faktor für die Ergebnisse der Global-Operations-Aktivitäten wie auch für den Erfolg des Konzerns. Enge Beziehungen mit Zulieferern werden zudem von bereichsübergreifenden Teams gepflegt, die ihren festen Arbeitsplatz am gleichen Standort haben. Der Konzern bewertet seine Lieferanten auf der Basis objektiver Maßstäbe, wie Qualität und Lieferfähigkeit, aber auch anhand subjektiver Einschätzungen, wie Kundenzufriedenheit und Innovationsgrad.

Eine wesentliche Aufgabe der Lieferantenbewertung ergibt sich aus dem Bedarfsdeckungsziel der Unternehmung, also der langfristigen Sicherstellung der Versorgung unter qualitativen, zeitlichen und monetären Gesichtspunkten, jedoch nicht auf Kosten des Gewinnes der Lieferanten. Es gilt, eine zielgerichtete Selektion der Lieferanten zu ermöglichen. Diese insbesondere unter Berücksichtigung der Tatsache, dass sich aufgrund der Verflechtung der internationalen Beschaffungsmärkte zwar die Anzahl der möglichen, aber nicht die der potenziellen Lieferanten erhöht.

Auch soll eine Lieferantenbewertung zur Objektivierung sowie Optimierung der Lieferantenauswahl beitragen und subjektive Einflüsse auf den Entscheidungsfindungsprozess durch methodisches Vorgehen weitgehend ausschließen. Dadurch wird die Transparenz innerhalb der Einkaufstätigkeit erhöht. Einerseits sollten mehrere voneinander unabhängige Personen bei Vorliegen gleicher Bewertungen zur selben Lieferantenwahlentscheidung kommen. Andererseits kann diese Transparenz nur erreicht werden, wenn der Lieferant das angewendete Lieferantenbewertungsverfahren kennt, in die Vorgehensweise eingewiesen wurde und die Bewertungsergebnisse nachvollziehen kann.

Ferner gilt die Steuerung der Lieferantenbeziehung als Ziel der Lieferantenbewertung. Die Leistungsfähigkeit der Lieferanten unterliegt Schwankungen im Zeitablauf. Ein funktionsfähiges Bewertungssystem ermöglicht eine Kontrolle der Leistungsfähigkeit eines Lieferanten in periodischen Zeitabständen. Der Lieferantenbewertung kommt auch die Aufgabe der Lieferantenentwicklung zu. Zweck der Lieferantenbewertung ist nicht nur, ungeeignete Lieferanten aus dem Anbieterkreis zu entfernen, sondern auch die Identifikation von Schwachstellen, um diese nach einer eingehenden Analyse mit gezielten Maßnahmen ursächlich zu beseitigen. Im Hinblick auf eine Ausschöpfung zukünftiger Erfolgspotenziale sollte das Lieferantenbewertungs-System die Entwicklung und Pflege der Lieferantenbeziehung unterstützen. Die Ergebnisse der Lieferantenbewertung können wertvolle Hinweise auf Stärken und Schwächen der Lieferanten liefern und inwieweit sich mit entsprechenden Anreizen eine Verbesserung der Leistungsfähigkeit des Lieferanten erzielen lässt.

Ein transparentes Lieferantenbewertungs-System fördert den Lieferantenentwicklungsprozess und den Aufbau einer kooperativen strategischen Partnerschaft. Diese Betrachtungsweise trägt zur Sicherung der Wettbewerbsfähigkeit der beschaffenden Unternehmung wie auch des Lieferanten bei und fördert ein beiderseitiges Problembewusstsein.

Neben dem Kostenaspekt und der allgemeinen Leistungsfähigkeit stellt die Minimierung des Beschaffungsrisikos eine weitere Aufgabe der Lieferantenbewertung dar. Hierdurch wird der allgemeinen Entwicklung Rechnung getragen, dass die veränderten Marktbedingungen zu einer Lieferantenreduktion und damit zur Bedeutungssteigerung der ausgewählten Lieferanten als Partner des eigenen Unternehmens führen.

6.1 Phasen der Lieferantenbewertung

Nachfolgend dargestellte Schritte skizzieren zunächst die Phasen zur Entwicklung eines Lieferantenbewertungs-Systems:

6.1.1 Entwicklung eines umfangreichen Lieferantenmerkmalkatalogs

Ziel dieses Schrittes muss ein umfassender, die allgemeine Beschaffungssituation beschreibender Merkmalkatalog sein, der über Literaturrecherche und Experteninterviews entwickelt wird. Dies kann über Sekundärforschung wie zum Beispiel Literaturrecherche geschehen oder aber auch durch direkte Lieferantenbefragung. Dieser allgemeine Katalog wird im nächsten Schritt einer Bereinigung unterzogen. Grundsätzlich muss jede Unternehmung, die eine Lieferantenbewertung durchführen möchte, einen individuellen Merkmalkatalog entwerfen, da es keinen allgemeingültigen Kriterienkatalog gibt, anhand dessen selektiert werden kann.

6.1.2 Entwicklung des bedarfsbestimmten Lieferantenmerkmalkatalogs

Hierbei ist es entscheidend, durch abteilungsübergreifende Zusammenarbeit die Mitarbeit von Spezialisten zur Ausarbeitung des Lieferantenmerkmalkatalogs zu gewährleisten. Ergebnis dieses Schrittes ist ein selektierter und spezialisierter Merkmalkatalog, der das Beschaffungsobjekt bzw. die Beschaffungssituation exakt mit detaillierten Oberbegriffen und Merkmalen beschreibt. Innerhalb des Unternehmens muss ein funktionsübergreifendes Team gebildet werden, das alle Anforderungen, die an den Lieferanten gestellt werden, formuliert. Damit werden unternehmensintern Dienstleistungsgruppen- und Lieferantenstrategien auf eine breite Kompetenzbasis gestellt. Diese Vorgehensweise trägt ganz besonders zu einer umfassenden Beschreibung der Beschaffungssituation bei, denn ein Massenprodukt wie beispielsweise Schreibgeräte kann nicht mit den gleichen Merkmalen beschrieben werden wie z. B. eine Bauleistung. Ganz unabhängig davon, ob nun eine Dienst- oder Sachleistung bewertet werden soll, muss über Literaturrecherche und Experteninterviews ein Merkmalkatalog gebildet werden, der dann mit den einzelnen Funktionsbereichen zur Selektion bzw. Spezifikation abgestimmt wird. Schon hier wird die Bedeutung des Teams im Zusammenhang mit der Lieferantenbewertung deutlich: Es kann nicht nur ein einzelner Bereich im Alleingang diesen Anforderungen gerecht werden. So würde beispielsweise der Funktionsbereich Beschaffung nur unter Kostengesichtspunkten eine Lieferantenbewertung erstellen. Die Selektion der Merkmale sollte dann im Hinblick auf das Plausibilitätsniveau eine Liste von verdichteten Kriterien ergeben.

6.1.3 Gewichtung und Benotung der relevanten Lieferantenkriterien

Abschließend ist die Gewichtung der Kriterien vorzunehmen. Damit wird der Priorität, die den jeweiligen Kriterien beigemessen wird, Rechnung getragen. Diese Gewichtung hat aber bereits in Bezug auf das einzusetzende Verfahren zu erfolgen, da je nach Verfahren verschiedene Gewichtungsstufen bzw. Notenskalen zum Einsatz kommen. Wird nun von einem Merkmalkatalog ausgegangen, muss zunächst die Gewichtung der Hauptkriterien vorgenommen werden. Die Gewichtungen geben an, mit welchen Werten die Unterkriterien multipliziert in die Gesamtbewertung eingehen. Im nächsten Schritt gilt es, das Benotungssystem festzulegen. Dieses dient der Evaluierung der Unterkriterien und soll eine ausreichend große Variationsmöglichkeit bieten, um bedarfsgerecht zu differenzieren. Schließlich wird eine

Benotung der Unterkriterien durchgeführt. Um eine Berechnungsgrundlage zu schaffen, müssen die Noten der Unterkriterien in Prozent dargestellt werden, damit sie mit den Gewichtungsfaktoren multiplizierbar werden (1 = 20 Prozent, 2 = 40 Prozent, 3 = 60 Prozent, 4 = 80 Prozent, 5 = 100 Prozent). Hieraus ergibt sich die Berechnung des Maximalwertes der Bewertung, welcher Grundlage für die Berechnung des festzulegenden Leistungs-Solls sein sollte.

Je nach Anforderungen und Bedürfnissen sind verschiedene Lieferantenbewertungs-Systeme entwickelt worden, die sich in der Anzahl der verwandten Entscheidungskriterien und der mathematischen Komplexität stark voneinander unterscheiden. Jedoch lässt sich die Vielzahl der Systeme grundsätzlich in zwei Gruppen einteilen: Die erste Gruppe ermöglicht einen Leistungsvergleich der Lieferanten untereinander (Inter-Lieferanten-Vergleich), die zweite Gruppe zeigt die Leistungsveränderung des Lieferanten gegenüber der Vorperiode auf (Intra-Lieferanten-Vergleich). Beide Gruppen verfolgen das gemeinsame Ziel der Berechnung einer Lieferantenkennzahl. Diese ermöglicht, die strategische Richtung des Lieferanten aufzuzeigen und entsprechende Maßnahmen zu initiieren.

6.2 Fallstudie: Lieferantenbewertung eines Dienstleisters

Da in der betrieblichen Praxis in den meisten Fällen für Sachleistungen Lieferantenbewertungen durchgeführt werden, erfolgt die Bewertung von Dienstleistungen nur rudimentär. Die folgende Fallstudie zeigt daher exemplarisch die Entwicklung einer Dienstleistungsbewertungsmethodik auf. Für eine Dienstleistungsqualitätsmessung mit mindestens einer vorangegangenen Transaktion zwischen Kunde und Dienstleister wird ein zufriedenheitsorientiertes Messverfahren eingesetzt. Dabei geht es um die Veranschaulichung der Leistungslücke von erwarteter und wahrgenommener Dienstleistungsqualität.

Grundgedanke des Messkonzeptes ist, dass das Gesamtresultat, das heißt die tatsächlich wahrgenommene Qualität einer Dienstleistung, aus der Summe von Einzeleindrücken besteht. Somit steht die Frage der Zufriedenheit der Beteiligten im Mittelpunkt der Betrachtung. Diesem subjektiven Problem wird durch einen auf Kriterien bzw. Merkmale gestützten Lösungsansatz begegnet. Die Sammlung von relevanten Kriterien muss im Hinblick auf das zu verwendende Verfahren festgelegt, definiert und gewichtet werden.

6.2.1 Informationssammlung und Merkmalkatalog

Eine umfassende Sammlung von Informationen erfolgt zum einen durch Literaturrecherche, zum anderen über Experteninterviews, in denen Mitarbeiter mit permanentem Lieferantenkontakt nach ihren Meinungen zur Qualität des jeweiligen Lieferanten gefragt werden. So werden Mitarbeiter aus diversen Hierarchieebenen und Funktionsbereichen in die Informationssammlung integriert. Der unbereinigte und noch zu umfangreiche Merkmalkatalog wird im Team einer eingehenden Prüfung und Bereinigung zu einer weiterführenden Verdichtung unterzogen.

6.2.2 Bestimmung des Kriterienkatalogs

Als Auswahlprozess zur Bestimmung der relevanten Kriterien wird eine empirische Untersuchung gewählt; diese kann in die nachfolgend aufgeführten Phasen eingeteilt werden.

- Definitionsphase: Problemdefinition und Bestimmung der Untersuchungsziele
- Designphase: Pretest, Hypothesenformulierung, Bestimmung der Erhebungsmethode, Aufbau des Fragebogens, Befragungsinhalte, Auswahl der Befragungsteilnehmer
- Feldphase: Durchführung der Befragung
- Analysephase: Auswertung der Daten und Interpretation der Ergebnisse
- Präsentationsphase

Diese im Rahmen der Primärforschung durchgeführte empirische Erhebung hat das Ziel, eine fundierte und verdichtete Liste mit Hauptkriterien und diese beschreibende Unterkriterien zu erstellen. Nur dadurch können effizient Meinungen, Anregungen und auch Bedenken aus allen relevanten Bereichen einfließen. Nach der Auswahl der fünf Hauptkriterien gilt es, diese einzelnen Kriterien dem individuellen Verständnis nach, von 1 = unwichtig bis 5 = wichtig, zu bewerten.

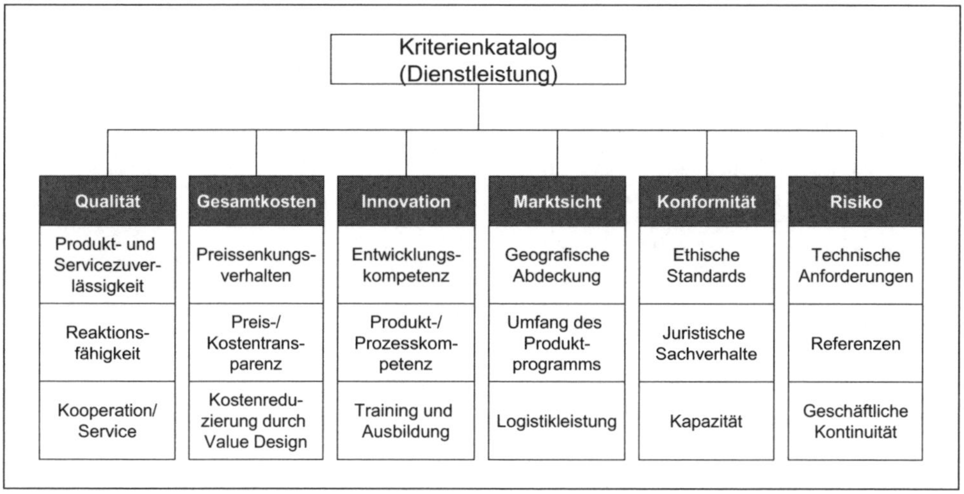

Abbildung 18: *Kriterienkatalog*

Neben finanziellen Kriterien, die nach wie vor im Vordergrund einer Lieferantenbewertung stehen, setzen sich auch Kriterien wie ethische Standards durch. So widmete sich die Einkaufsabteilung von Novartis intensiv der Implementierung der „Richtlinie zum Management von Drittfirmen“, die dafür sorgen soll, dass alle wichtigen Lieferanten in ihren Organisationen ebenfalls ein Minimum an ethischen Standards einhalten.

Nach mehreren Planungs- und Abstimmungssitzungen wurde der in Abbildung 18 dargestellte Kriterienkatalog verabschiedet.

6.2.3 Gewichtungsergebnis

Die Ermittlung dieser Ergebnisse diente der Priorisierung der Hauptkriterien. Es war mit ein Ziel der Erhebung, die fünf wichtigsten Kriterien im gemeinsamen Konsens zu ermitteln.

Jeder Bewertungsteilnehmer wählt pro Hauptkriterium zwischen drei Gewichtungskategorien (0 Punkte, 5 Punkte und 10 Punkte). So werden für jedes Kriterium die abgegebenen Stimmen pro Note ermittelt, multipliziert und danach die einzelnen Ergebnisse der Noten addiert. Die Ergebnisse zeigen so auf einfache Weise die Wichtigkeit, die den Kriterien zugewiesen wird. Dies wird am nachfolgenden Beispiel „Produkt- und Servicezuverlässigkeit“ demonstriert.

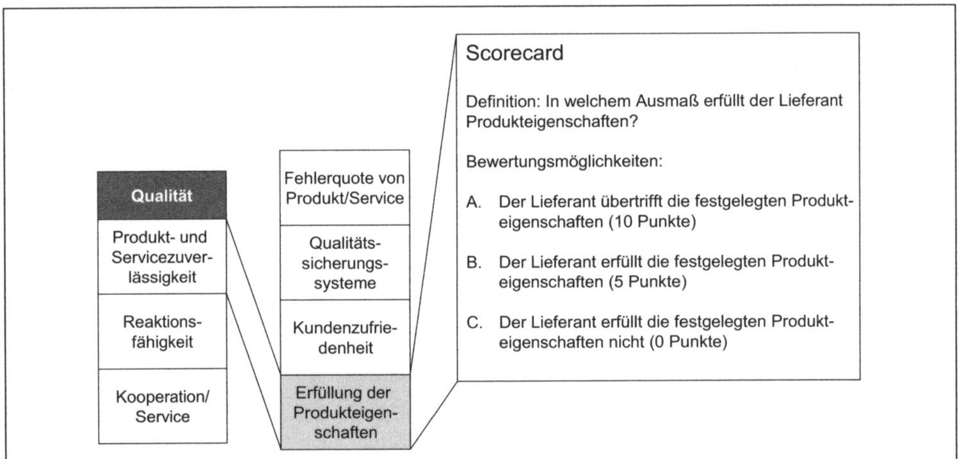

Abbildung 19: *Beispiel Bewertungsschlüssel*

6.2.4 Gewichtung und Benotung der Kriterien

Nachdem die Zuordnung der einzelnen Unterkriterien zu den Hauptkriterien erfolgt ist, soll im Folgenden eine sinnvolle Gewichtung bzw. Benotung im Hinblick auf die gewählte Analyseform zur Aufdeckung der Leistungsdivergenzen vorgenommen werden.

Während der Entwicklung des merkmalgestützten Lieferantenkriterienkataloges und der Erhebung ist es von großer Wichtigkeit, den Probanden die Möglichkeit zu geben, individuell auszuwählen und zu benoten. Diese Möglichkeit der unterschiedlichen Gewichtung wird auch in der weiteren Entwicklung der Lieferantenbewertung unterstützt.

Innerhalb der Hauptkriterien und auch auf der Stufe der Unterkriterien ergibt sich nun die Möglichkeit, statisch oder dynamisch zu bewerten. Eine dynamische Gewichtung würde bedeuten, dass in Abhängigkeit von den Anforderungen an das jeweilige Produkt und der bestehenden Kaufsituation entsprechend (Neukauf, modifizierter Wiederholungskauf oder reiner Wiederholungskauf von Dienstleistung/Sachleistung) die Gewichtung jedes Mal neu festgelegt würde. Für diese Art der Gewichtung spricht die Anpassung an die unterschiedlichen Schwerpunkte, die die jeweiligen Kaufsituationen und verschiedenen „Einkaufsleistungen" erfordern. Außerdem müssten sich die bewertenden Personen stärker mit dem Bewertungssystem und seinen Inhalten auseinandersetzen, was seiner Anwendung und Verbesserung sicherlich zugutekommen würde.

Demgegenüber steht eine statische Gewichtung. Hierbei wird den Hauptkriterien und Unterkriterien eine feste Gewichtung zugeordnet, die keiner Änderung unterworfen ist. Diese Gewichtungsverteilung bringt andere Vorteile mit sich. So bietet sie in der praktischen Anwendung den Vorzug, einfach handhabbar zu sein, woraus ein geringerer Zeitaufwand bei der Bewertung folgt. Des Weiteren ermöglicht sie die Vergleichbarkeit der Bewertung über eine Zeitspanne hinweg und auch die Möglichkeit des Bewertungsvergleiches verschiedener Leistungen miteinander.

In einem Lieferantenbewertungsprojekt erhalten die Probanden die Aufforderung, die Hauptkriterien nicht nur auszuwählen, sondern auch von 1 (unwichtig) bis 5 (wichtig) zu evaluieren. Dadurch erfolgen die Auswahl und Prioritätszuweisung der Hauptkriterien simultan. Diese insgesamt in der Erhebung abgegebenen Stimmen pro Kriterium bilden die Basis für die Notenverteilung.

Bei dem Beispielsunternehmen wurde pro Hauptkriterium der prozentuale, gewichtete Anteil zur Gesamtsumme ermittelt und nachfolgende Gewichtungsverteilung:

Kriterium	**Gewichtung in %**
Qualität	35
Gesamtkosten	22
Innovation	20
Marktabdeckung	10
Konformität	10
Risiko	3

Tabelle 3: *Gewichtungsverteilung Beispielsunternehmen*

Von entscheidender Bedeutung ist, dass die prozentualen Verteilungen bei allen zu bewertenden Lieferanten identisch bleiben und dass somit für alle gleiche Maßstäbe gelten. Dennoch gilt es, eine kontinuierliche Aktualisierung der Daten vorzunehmen, was eine regelmäßige Überarbeitung bzw. Überprüfung erfordert.

6.3 Das GAP-Modell

Das GAP-Modell im Rahmen der Lieferantenbewertung zeigt Leistungsdefizite eines Lieferanten auf. Darüber hinaus kann es auch als Entscheidungsmodell fungieren, um mögliche Lücken des Lieferanten zu schließen. Grundsätzlich gilt es, einen relevanten Lieferantenmerkmalkatalog zu definieren und innerhalb dessen durch ein funktionsübergreifendes Team die Soll-Ausprägungen zu bestimmen.

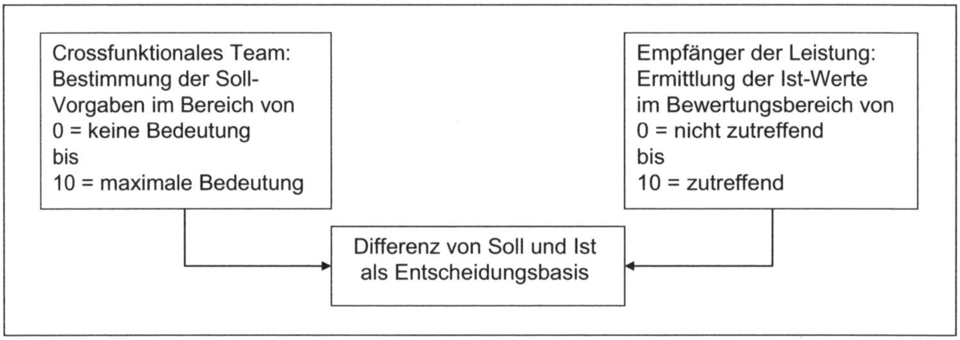

Abbildung 20: *GAP-Systematik*

Um im Folgenden mit identischen Bewertungsmaßstäben zu arbeiten, wird eine Bewertungssystematik festgelegt, die auf prozentualen Werten basiert. Dadurch kann bei der Ist-Aufnahme innerhalb des Scoring-Modells mit gleicher Basis gerechnet werden.

Im Rahmen des GAP-Modells bietet sich eine grafische Darstellung an, die zweidimensional die Soll- und Ist-Werte bei gleichen Maßstäben gegenüberstellt. Dadurch lassen sich auftretende Abweichungen graphisch veranschaulichen. Aus diesem Grund wird in der Praxis zumeist eine Darstellungsform gewählt, die in Form der Profilanalyse die Soll-Werte und tatsächlichen Ist-Werte zusammen darstellt.

Abbildung 21 zeigt das GAP-Modell in der zweidimensionalen Profilanalyse:

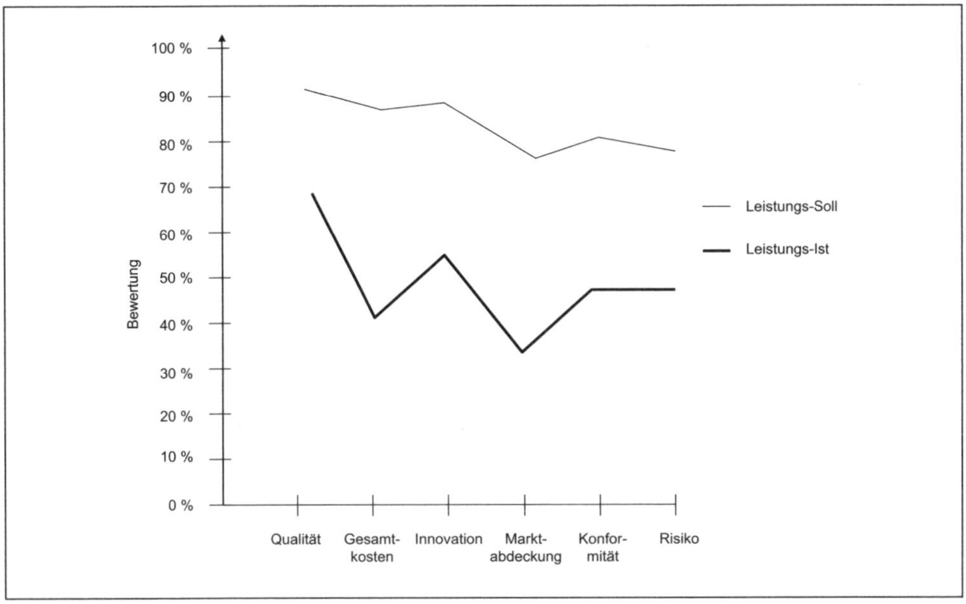

Abbildung 21: *GAP-Modell*

Die auf der Ordinate abgetragenen Werte geben in Prozent das Leistungsniveau an. Die Soll-Werte können gleich der 100 Prozent-Grenze sein oder ganz individuell und unter Berücksichtigung der jeweiligen Konjunktur oder Beschaffungssituation gewählt werden.

Die Abszisse zeigt die unterschiedlichen Leistungsausprägungen, hier bis zur Ebene der Unterkriterien. Durch den Vergleich der Soll- und Ist-Kurve werden die Defizite des Lieferanten schnell evident.

Aufgezeigte Diskrepanzen gilt es, als Grundlage für Entscheidungen zu detaillieren. So können auch Profile zur Lieferantenklassifizierung mit in das Diagramm eingebunden werden. Diese Profile oder Grenzen können z. B. „Preferred“ von „Advanced“ Supplier trennen.

Ebenso kann die Entwicklung des Lieferanten deutlich gemacht werden, indem zu einem älteren Leistungs-Ist ein aktuelles Leistungs-Ist veranschaulicht wird. Die so aufgezeigten Abweichungen stellen die historische Entwicklung des Lieferanten dar und können als Controlling-Instrument eingesetzt werden.

Beim Baukonzern Bilfinger Berger wird die Leistungsfähigkeit und Zuverlässigkeit der Lieferanten konzernweit bewertet. Mit den besten Lieferanten wird eine Premium Partnerschaft[13] eingegangen, um die Zusammenarbeit weiter zu intensivieren. Ein Premium Partner wird automatisch über neue Aufträge von Bilfinger Berger unterrichtet, erhält die Kontaktdaten von Ansprechpartnern im Konzern, kann die Bilfinger Berger Konditionen beim Pkw-

13 Vgl. Bilfinger Berger, Geschäftsbericht 2005, S. 65

Leasing, Mobilfunk oder bei Kopierern nutzen und hat eine hervorgehobene Position in der zentralen Adressenverwaltung des Konzerns. Eine Premium Partnerschaft wird nur Unternehmern angeboten, die über die vergangenen Jahre dauerhaft und erfolgreich für Bilfinger Berger gearbeitet haben.

Fallstudie: Kostensenkung durch Lieferantenmanagement in der Getränkeindustrie

Beim Beispielsunternehmen handelt es sich um ein Unternehmen der Getränkeindustrie mit 120 Mio. Euro Umsatz. Vor dem Hintergrund der allgemeinen Konsumzurückhaltung wurden im Bereich des Einkaufs Kostensenkungsprogramme initiiert mit dem Ziel, 10 Prozent der Beschaffungskosten in einem Zeithorizont von 18 Monaten zu erzielen. Das Unternehmen wurde von rund 400 Lieferanten beliefert. Im Zuge eines Lieferantenbewertungs-Projektes galt es, diese Zahl zu reduzieren.

Dieses abteilungsübergreifende Projekt band erstmals auch Finanzexperten im Rahmen der Beurteilung der Bonität eines Lieferanten in den Bewertungsprozess ein. Um einen detaillierten Kriterienkatalog zu fixieren, wurden in mehreren Workshops mit den beteiligten Abteilungen die relevanten Hauptkriterien, auch Dimensionen, definiert. In einem zweiten Schritt wurde jede dieser Dimensionen mit Hilfe von Key-Performance-Indikatoren konkretisiert. Aufgrund der konfligierenden Interessen der Beteiligten sowie der zahlreichen Kriterienvorschläge standen die Berater vor der Herausforderung, aus der Vielzahl von Vorschlägen ein einheitliches Kriterienmodell zu entwerfen, das den vielfältigen Bedürfnissen der Organisation Rechnung trägt, gleichzeitig aber auch von Übersichtlichkeit, Verständlichkeit, Praxisbezug und Konsistenz geprägt ist. Nach drei Planungsrunden verabschiedeten sie nachstehenden Kriterienkatalog:

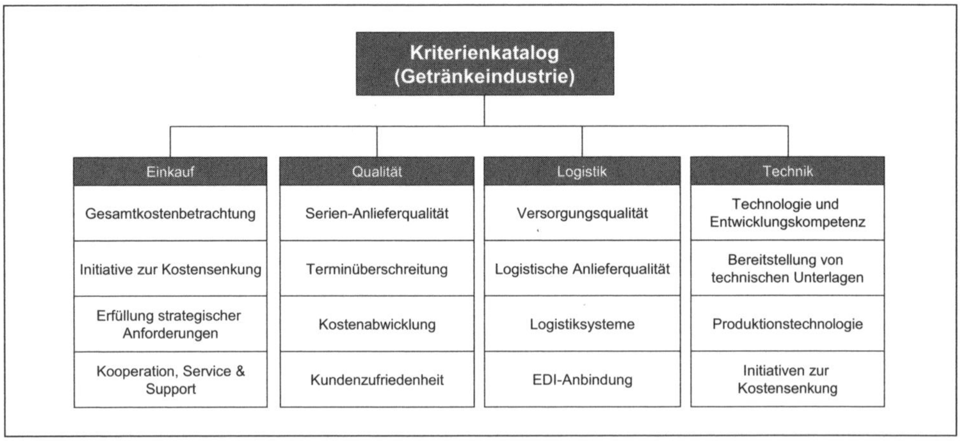

Abbildung 22: *Kriterienkatalog Getränkeindustrie*

Gegenstand einer anschließenden Phase war es, die verabschiedeten Dimensionen zu gewichten. Von der unterschiedlichen Gewichtung hängt es ab, in welcher Intensität eine Dimension in die Gesamtbewertung eines Lieferanten einfließt. In einem mehrstufigen Bewertungsprozess legten die Teilnehmer zunächst eine Rangfolge der festgelegten Dimensionen fest, indem ein relativer Vergleich anhand einer numerischen Bewertungssystematik vorgenommen wurde. Aufbauend auf der Aggregation aller Einzelergebnisse nahmen sie eine Gesamtgewichtung aller Fragen vor.

Eine ganzheitliche Lieferantenbewertung erfordert die Zuweisung von Funktionen an die Beteiligten. Als mögliche Funktionen haben sich hierbei Koordinator, Bewerter sowie Entscheider bewährt.

Die Rolle des Koordinators beinhaltet die Prozessteuerung einer Bewertung. Unter diese Aufgabe fallen die Auswahl sowie die Zuweisung von Bewertern zu den Evaluierungskriterien. Ferner fungiert er als Ansprechpartner für methodische Fragen des Lieferantenmanagements. In der Praxis werden Koordinatoren aus den Reihen der Category Manager rekrutiert, da sie in der Regel den erforderlichen Überblick über einkaufsbezogene Fach- und Personalthemen besitzen.

Der Bewerterkreis bildet die Basis einer Lieferantenbewertung. Ihm obliegt die Lieferantenbewertung im eigentlichen Sinne. Darunter fällt die Vergabe von Punktzahlen in Bezug auf die Beurteilungskriterien eines Lieferanten. Neben den traditionellen Einkaufsabteilungen setzen sich Bewerter u. a. aus Mitarbeitern technischer Abteilungen (z. B. bei fertigungsbezogenen Themen) sowie Finanzabteilungen (z. B. im Rahmen von Risikoaspekten) zusammen. Um die Bewertung zu fundieren, sind neben einer Punktzahl einer vorgegebenen Skala auch verbale Begründungen erforderlich. Dadurch erhält der Einkauf eine aussagekräftige Basis für Lieferantenverhandlungen. Nachdem die Lieferantenbewertungen initiiert und durchgeführt wurden, erfolgt eine Klassifizierung des Lieferanten in Abhängigkeit von der Punktzahl sowie Gewichtung der Bewertungskriterien. Das Bewertungsresultat zeigt Punkteklassen, die eine Aussage über die Gesamtleistungsfähigkeit treffen.

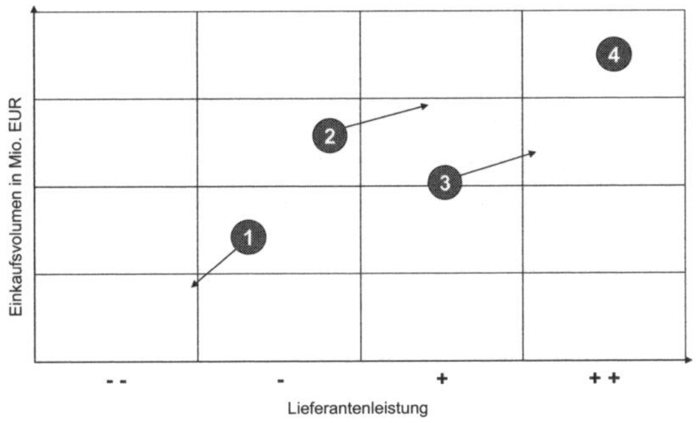

Abbildung 23: *Lieferantenentwicklungs-Portfolio*

Das Gesamtergebnis wird mit der individuellen Strategie des Lieferanten kombiniert und daraus eine Konsequenz abgeleitet. Diese Aufgabe wird durch die Rolle des Entscheiders vorgenommen. Dieses hochrangige Führungsgremium befindet über weitere Entwicklungsschritte des Lieferanten. Die strategischen Optionen reichen in Abhängigkeit des Bewertungsergebnisses von proaktiver Entwicklung bis zum Ausscheiden des Lieferanten.

Als Ergebnis des Bewertungsprojektes konnte im ersten Schritt ein Beschaffungsvolumen von 20 Mio. Euro auf Vorzugslieferanten gebündelt werden, wodurch rund 8 Prozent kurzfristig eingespart werden konnten. Durch die Reduktion der Lieferantenzahl konnte ferner der Betreuungsaufwand im Einkauf reduziert werden. Dies hatte zur Folge, dass sich der Einkauf wieder verstärkt strategischen Aufgaben insbesondere dem internationalen Einkauf zuwenden konnte.

Auf Grundlage des Bewertungsergebnisses können Lieferantenverhandlungen stark versachlicht werden. Der Einkäufer kann konkret auf Faktenbasis diskutieren; der Lieferant dagegen steht in der Pflicht, Ideen und Maßnahmen zu präsentieren, wie er seine Schwachpunkte kompensieren kann. Somit bildet der Bewertungsbericht die Basis für Verhandlungen und trägt zu deren Objektivierung bei.

Ausgehend von den Bewertungsergebnissen und strategischen Analysen werden im Rahmen der Lieferantenentwicklung Entwicklungsziele definiert und in Zusammenarbeit mit dem Lieferanten Strategien entwickelt. In gemeinsamen Workshops und Planungssitzungen werden adäquate Maßnahmen erarbeitet und umgesetzt, um nachhaltige Einsparungen im Einkauf zu erzielen. Weiter können durch Lieferantenentwicklung auch die Produktqualität sowie die logistische Leistung optimiert werden.

Fallstudie: Extended Enterprise bei DaimlerChrysler[14]

Der Automobilkonzern DaimlerChrysler verfügt über ein Lieferantenmanagement auf Basis des Lieferantenkooperationsmodells Extended Enterprise™. Dieses Modell beschreibt die Kriterien Qualität, Kosten, Technologie und Logistik als Basis der globalen, leistungsorientierten Kooperation. Zusätzlich berücksichtigt das Modell die Verhaltensaspekte Integrität, Engagement und Kommunikation, die beide Seiten – DaimlerChrysler und seine Zulieferer – als Grundlage der Zusammenarbeit anerkennen. Die individuell erbrachten Leistungen und künftigen Potenziale für Verbesserungen werden mit den Top-Führungskräften der Lieferanten bei eigens dafür organisierten Zusammenkünften erörtert.

Darüber hinaus setzt DaimlerChrysler eine External Balanced Scorecard (EBSC) als Instrument zur Bewertung der Lieferanten-Leistung nach definierten Kriterien ein. Die EBSC kann auf 80 Prozent der Lieferantenbasis angewendet werden. Mit Hilfe der EBSC haben die Zulieferer die Möglichkeit, ihre erbrachten Leistungen in Bezug auf Kosten, Qualität,

14 Vgl. DaimlerChrysler, Geschäftsbericht 2005, S. 111

Technologie und Logistik mit denen ihrer Wettbewerber zu vergleichen. Auf diese Weise wird den Lieferanten ein ehrlicher und fairer Evaluierungsprozess ermöglicht, auf den sie online zugreifen können.

6.4 Lieferantenoptimierung

Der entscheidende Nutzen einer Lieferantenbewertung liegt in den strategischen Konsequenzen für die Entwicklung eines Lieferanten. Bei einer unzureichenden Bewertung lassen sich unmittelbare Maßnahmen zur Optimierung der Lieferbeziehung ableiten. Grundsätzlich gibt es zwei Optionen der Lieferantenoptimierung. Zunächst kann der Lieferant mit Zielvorgaben konfrontiert werden und innerhalb eines bestimmten Zeitraums verpflichtet werden, entsprechende Maßnahmen selbst zu ergreifen. Alternativ können Abnehmer und Lieferant partnerschaftlich an der Beseitigung der Probleme arbeiten.

Insbesondere in der Automobilindustrie hat es sich etabliert, bei den Zulieferbetrieben Optimierungsmaßnahmen und Kostensenkungspotenziale zu realisieren, damit die Lieferbeziehung verbessert und erarbeitete Kostenvorteile an den Kunden weitergegeben werden können. Vor diesem Hintergrund verfügen nahezu alle Automobilkonzerne über hausinterne Beratungsteams, die auf Kostensenkung bei den Lieferanten spezialisiert sind. Als eine der primären Maßnahmen wird dabei die Gemeinkostenwertanalyse (GWA) angewandt, die im Folgenden kurz erläutert wird.

Die GWA ist eine spezielle Form der Wertanalyse mit dem Ziel einer Reduzierung der Gemeinkosten, vor allem im Verwaltungsbereich und in sonstigen indirekten Abteilungen. Hierbei steht das Eliminieren von überflüssigen Tätigkeiten im Vordergrund, um Prozesse kostengünstiger zu gestalten. Darüber hinaus verfolgt die GWA das Ziel, den Nutzen zu erhöhen. Dafür müssen die einzelnen Leistungen bezüglich ihrer Kosten-Nutzen-Relation untersucht werden. Im Einzelnen gliedert sich die Gemeinkostenwertanalyse in vier Stufen:

- Vorbereitungsphase: Hierin werden zunächst Aufgabe, Untersuchungsbereich und Untersuchungsumfang definiert. Es wird ein Projektteam benannt und betroffene Personen über das Vorhaben unterrichtet.
- Analysephase: Die Verantwortlichen einer Kostenstelle schätzen Kosten und Nutzen der von der jeweiligen Kostenstelle erbrachten Leistungen und erarbeiten Einsparungsvorschläge für Leistungen mit unzureichender Kosten-Nutzen-Relation. Dafür werden detaillierte Maßnahmenpläne erarbeitet.
- Entscheidungsphase: Diese beinhaltet die Vorstellung der Lösungsalternativen vor der Projektleitung, die im Anschluss eine Entscheidung trifft.
- Realisierungsphase: Schließlich werden die ausgewählten Maßnahmen umgesetzt und fallweise personelle Konsequenzen veranlasst. Die Umsetzung wird durch ein begleitendes Projekt-Controlling überprüft.

Praxisbeispiel Volkswagen[15]

Beim Volkswagen-Konzern liegt das Hauptaugenmerk im Rahmen des Lieferantenmanagements darauf, die Lieferanten verstärkt in Initiativen zur Kostenoptimierung einzubinden. Im Rahmen des Lieferantenmanagements konnte das Programm „Partnerschaftliche Prozesskostenoptimierung" (PPO), bei dem gemeinsam mit den Zulieferern eine Potenzialanalyse entlang der gesamten Wertschöpfungskette durchgeführt wurde, nach zwei Jahren erfolgreich abgeschlossen werden. Die Lieferantenintegration ist aber auch weiterhin ein wesentlicher Bestandteil der Beschaffungsstrategie von VW. Deshalb hat der Autokonzern eine mehrtägige Lieferantenklausur initiiert, bei der 38 ausgewählte Lieferanten zusammen mit Mitarbeitern aus den Bereichen Beschaffung und Technische Entwicklung an Kostenoptimierungen arbeiteten. Diese bildeten mit ebenfalls 38 bereichsübergreifenden Expertenteams aus dem Volkswagen-Konzern so genannte Tandems. Innerhalb der Klausur wurden die Kostensenkungsideen identifiziert und bewertet. Volkswagen brachte in dieses Verfahren sein Know-how bei Kostenoptimierungsmethoden ein. So wurden die Prozesse in der Logistik untersucht, optimiert und entschieden. Diese neuen Prozessdefinitionen bringen erhebliche Kostenreduktionen. Ebenso wird die Nutzung von Fahrzeugmodulen konsequenter umgesetzt. Dabei ergeben sich unter anderem durch den Einsatz innovativer Werkstoffe und neuer konstruktiver Lösungen in der Modularchitektur Verbesserungen in den entscheidenden Bereichen Qualität und Gewicht der Fahrzeuge. Die einzelnen Schritte werden umgehend in laufenden Projekten umgesetzt. Gleichzeitig vereinbarte die Volkswagen AG bei der einwöchigen Veranstaltung langfristige strategische Partnerschaften mit Unternehmen. Insgesamt konnten dabei Sparpotenziale in einer dreistelligen Millionenhöhe identifiziert und verabschiedet werden.

Praxisbeispiel BMW[16]

Angesichts eines Fremdwertschöpfungsanteils von derzeit 70 Prozent bis 80 Prozent ist die Zusammenarbeit mit den Zulieferern zur Verbesserung von Produkten und Prozessen ein kritischer Erfolgsfaktor bei der BMW Group. Bereits im Jahr 2004 initiierte sie ein gemeinsames Programm mit ihren Lieferanten, um in enger Zusammenarbeit die Produktkosten zu senken. Im Jahr 2005 wurde diese Initiative erweitert und umfasst nun auch Maßnahmen zur Optimierung der Zuverlässigkeit bezogener Komponenten und Systeme. Ziel ist, unter Einbeziehung aller Gestaltungsaspekte in der gesamten Kette vom Beschaffungsmarkt bis zum Händler, die Kosten der aktuellen Modelle zu senken und gleichzeitig nach Auslieferung der Fahrzeuge an die Kunden die Feldqualität weiter zu steigern. Die so gewonnenen Erkenntnisse fließen anschließend auch in die Entwicklung neuer Fahrzeuge ein.

15 Vgl. VW, Geschäftsbericht 2005, S. 83 f.

16 Vgl. BMW, Geschäftsbericht 2005, S. 33 f.

Ergänzend zu dem Projekt „Management von Partnernetzwerken", das auf eine verbesserte Ausschöpfung der Innovationskraft des Beschaffungsmarktes zielte, wurde Anfang 2005 das Projekt „Neuausrichtung Lieferantenmanagement" gestartet. Der Fokus des Projekts liegt auf der Optimierung interner Prozesse der BMW Group an den Schnittstellen der Entwicklungs-, Einkaufs-, Produktions- und Vertriebsfachstellen. Durch Concurrent-Engineering-Ansätze und eine engere Einbindung der Lieferanten in die Serienentwicklung soll sichergestellt werden, dass die anspruchsvollen Kosten-, Termin- und Qualitätsziele von Fahrzeugprojekten frühzeitig abgesichert und erreicht werden. Der Schwerpunkt der Gestaltungsaufgaben umfasst dabei die folgenden drei Themenbereiche:

1. Bereichsübergreifende Abstimmung zur bestmöglichen Lieferantenauswahl: Dabei werden die Aspekte Kosten, Feld- und Anlieferqualität, Produktfunktionen und Versorgungssicherheit gleichberechtigt behandelt.

2. Durchgängige und konsequente Risiko-Betrachtung und Kosten-Verfolgung im Produktentstehungs- und Serienprozess.

3. Eine frühzeitige und gezielte Befähigung der Lieferanten.

Die verbesserten Abläufe werden unmittelbar in den laufenden Fahrzeugentwicklungsprojekten umgesetzt. Das Projekt leistet so einen wesentlichen Beitrag zum Ausbau der Wettbewerbsposition der BMW Group.

Abschließend gilt es festzuhalten, dass eine erfolgreiche Lieferantenbewertung der Beachtung einiger Erfolgsfaktoren bedarf:

- Lieferantenselektion: Bei der Auswahl der zu bewertenden Lieferanten gilt es, rund 70 Prozent des Einkaufsvolumens abzudecken. Diese Größe ist jedoch nur als Richtwert anzusehen und ist stets auf die individuelle Lieferantenstruktur anzupassen. Darüber hinaus ist es sinnvoll, auch strategische Lieferanten mit geringem Einkaufsvolumen in die Bewertung zu integrieren, falls es am Beschaffungsmarkt keine Substitutionsmöglichkeiten gibt.

- Abteilungsübergreifende Bewertung: Die zu bewertenden Lieferanten müssen neben dem Einkauf auch von Unternehmensfunktionen bewertet werden, die eine entsprechende Expertise in Bezug auf das Beschaffungsobjekt vorhalten. Hierbei handelt es sich in erster Linie um Logistik, Finanzen und Produktion. Dies garantiert die Akzeptanz der Bewertung im Unternehmen sowie beim Lieferanten, da das Bewertungsergebnis eine realistische und umfassende Einschätzung wiedergibt.

- Strategische Konsequenzen: In jeder Warengruppe sollten die schlechtesten Lieferanten auf ihre Substitution überprüft werden, um deren Volumina den besseren Lieferanten zuführen zu können. Dies führt zu einer Volumenkonzentration bei einer simultanen Optimierung der Lieferantenbasis sowie zu erheblichen Kostensenkungen. Darüber hinaus wird die Glaubwürdigkeit der Bewertung erhöht, da das Bewertungsergebnis objektiv nachvollziehbare strategische Konsequenzen nach sich zieht.

7. Beschaffungspotenzialanalyse und Beschaffungsstrategie[17]

Bisher praktizierte Vorgehensweisen zur Bestimmung einer Beschaffungsstrategie sind durch eine problemorientierte Vorgehensweise gekennzeichnet. Die Beschaffungspotenzialanalyse dagegen führt eine deduktive Strategiebildung und Potenzialermittlung durch, an die sich eine strukturierte Strategieumsetzung und Potenzialrealisierung zur nachhaltigen Materialkostensenkung anschließt. Die Beschaffungspotenzialanalyse ist dabei sowohl ein beschaffungspolitisches Instrumentarium wie auch ein Verfahren zur neuen Gestaltung der Geschäftsprozesse zwischen Abnehmer und Lieferant. Ziel ist es, über die komplette Wertschöpfungskette hinweg eine Verbesserung der kritischen Erfolgsfaktoren Produktivität, Zeit und Qualität herbeizuführen. Als mögliche Gestaltungsfelder innerhalb dieser Prozessketten lassen sich die Ausgestaltung der Sourcingstrategie, die Materialflussgestaltung, Qualitätssicherung, Forschung und Entwicklung, Lieferantenauswahl und -kontrolle, Vertragsgestaltung, interne Einkaufsorganisationsstruktur sowie Elektronische Märkte nennen. Die Umsetzung effizienter Beschaffungskonzepte in den unterschiedlichen Gestaltungsfeldern hat dabei unter Beachtung von Leitlinien zu erfolgen, welche die Handlungsrichtungen der Beschaffungspotenzialanalyse vorgeben:

- Konzentration auf das Kerngeschäft,
- Differenzierung der Abnehmer-Lieferanten-Beziehungen,
- Prozessorientierung und
- Komplexitätsreduzierung.

Diese Leitlinien bilden den Rahmen für innovative Beschaffungsstrukturen und werden durch Normstrategien in Abhängigkeit von der Beschaffungssituation konkretisiert. So steckt die Leitlinie „Konzentration auf das Kerngeschäft" den Untersuchungsbereich ab. Kerngeschäfte bestehen dabei aus Kernaktivitäten und Kernkompetenzen. Als Kernaktivitäten gelten Aktivitäten, die eine hohe Marktattraktivität, also eine hohe Bedeutung zur Befriedigung der Kundenbedürfnisse, besitzen. Die Bewertung erfolgt dabei auf Basis von Erfolgsfaktoren, die sich grundsätzlich definieren lassen in den Dimensionen Kosten, Zeit und Qualität. Darüber hinaus können situationsspezifisch weitere Elemente wie technik- und serviceorientierte Faktoren in die Betrachtung aufgenommen werden. Als Kerngeschäft identifizierte Aktivitäten fallen nicht in den Untersuchungsumfang von ausgliederbaren Bereichen. Sie bilden die Basis zur Identifikation des in der Beschaffungspotenzialanalyse zu betrachtenden Einkaufsvolumens.

---

17 Vgl. Wildemann, Horst: Das Konzept der Beschaffungspotenzialanalyse, München, 2002, S. 1-12

Die Leitlinie „Differenzierung der Abnehmer-Lieferanten-Beziehung“ gründet auf der Erkenntnis, dass zwischen Eigenfertigung und Fremdbezug eine Bandbreite verschiedener Kooperationsformen liegt, in denen der Preis als Koordinationsinstrument mit zunehmend kooperativem Charakter der Zusammenarbeit an Bedeutung verliert und durch andere Koordinationsinstrumente zu ergänzen ist. Diese Leitlinie führt zu einer bedarfsgüter- und bedarfsquellenspezifischen Vorgehensweise in der Beschaffungspotenzialanalyse.

Die Verbindung der Beschaffungsaktivitäten mit den Arbeitsfeldern vor- und nachgelagerter Bereiche erfolgt unter Beachtung der Leitlinie „Prozessorientierung“. Sie verfolgt das Ziel der bestmöglichen Kooperation aller Aufgabenträger im Beschaffungsprozess, unabhängig von ihrer aufbauorganisatorischen Positionierung. Die „Erfüllung von Kundenwünschen“ gilt dabei als übergeordnetes Leitbild. In der Einkaufspotenzialanalyse zielt die Prozessorientierung auf eine Trennung strategischer und operativer Aktivitäten des Einkaufs und schafft die Voraussetzungen zur Wahrnehmung strategischer Einkaufsaktivitäten bei gleichzeitiger Realisierung kurzer Bestellzeiten. Gleichzeitig stößt sie eine integrierte, technologiemarktbezogene Materialauswahl unter bestmöglicher Einbindung des Beschaffungsmarktes an.

Die Leitlinie „Komplexitätsreduzierung“ umfasst das Variantenmanagement: Komplexitätsreduzierung im engeren Sinne, Komplexitätsvermeidung und Komplexitätsbeherrschung. In einem durch Kundenwünsche und technologische Randbedingungen abgesteckten Rahmen empfiehlt sie technische Vereinfachung, Lieferantenreduktionen und Substitutionen, bezogen auf Beschaffungsgüter, -quellen und -prozesse. Der Umsetzungsgrad aller aufgezeigten Leitlinien erlaubt Rückschlüsse auf das erzielbare Rationalisierungspotenzial in der Beschaffungspotenzialanalyse.

Zur Identifikation von Erfolgspotenzialen in der Kunden-Lieferanten-Beziehung und in der Beschaffung stellt die Beschaffungspotenzialanalyse verschiedene Instrumente wie standardisierte Fragebögen und Checklisten, Prozessanalysen, Benchmarking, Einkaufspreisanalysen oder Wertanalysen zur Verfügung. Im Mittelpunkt steht eine Strategiematrix, die das Bedarfsgüter- und Bedarfsquellenportfolio kombiniert. Abbildung 25 veranschaulicht die Matrix. Daraus können Normstrategien für die Beschaffung abgeleitet werden, die der jeweiligen Beschaffungssituation gerecht werden.

Der erste Schritt der Strategiematrix-Analyse besteht in der Vorbereitung des Bedarfsportfolios durch die Bildung von Materialgruppen. Diese zeichnen sich dadurch aus, dass sie bezüglich ihrer Technologie- und Funktionsorientierung jeweils homogen sind. Wurden dafür in der Vergangenheit Materialgruppen nach Kriterien wie Rohstoffarten, Fertigungstechniken, Beschaffungsmärkten oder Bedarfsträgern definiert, ist im Zuge der steigenden Modularisierung der Bedarfsgüter eine wertschöpfungskettenorientierte Segmentierung der Beschaffungsgüter vorzunehmen.

Das Bedarfsgüterportfolio nimmt eine Unterteilung des Beschaffungsvolumens nach bedarfsgüterspezifischem Lieferrisiko und der Ergebnisauswirkung vor. Dieses Risiko resultiert aus der technischen und logistischen Spezifität und Komplexität und lässt sich durch unternehmensexterne und -interne Kriterien ermitteln. Unternehmensexterne Kriterien betreffen beispielsweise Lieferzeiten oder die transportlogistische Komplexität. Unternehmensintern beeinflussen Möglichkeiten einer alternativen Inhouse-Fertigung oder die Spezifität der Konstruktion des Einkaufsgutes das materialgruppenspezifische Versorgungsrisiko. Die Ergebnisauswirkung lässt sich durch eine ABC-Analyse der Einkaufsvolumina je Materialgruppe darstellen. Die Kombination des bedarfsgüterspezifischen Lieferrisikos und des Ergebniseinflusses ermöglicht die zweidimensionale Darstellung in einer Vier-Felder-Matrix mit der Einteilung in Standard-, Kern-, Engpass- und strategische Einkaufsgüter, welche jeweils differenzierte Beschaffungsnormstrategien repräsentieren. Zur Machbarkeitsprüfung der durch das Beschaffungsportfolio vorgegebenen Normstrategien erfolgt pro Materialgruppe die Erstellung eines Lieferantenportfolios. Bewertungsdimensionen des Portfolios sind das lieferantenspezifische Versorgungsrisiko in Form der Angebotsmacht sowie das Entwicklungspotenzial des jeweiligen Lieferanten. Die Anzahl möglicher Lieferanten, der Anteil des Abnehmers am Umsatz der Lieferanten und die künftige Entwicklung der Nachfrage stellen Kriterien zur Einschätzung der Angebotsmacht des Lieferanten dar. Das Entwicklungspotenzial des Anbieters ist entlang der betrieblichen Aktivitäten Produktion, Logistik und Entwicklung zu ermitteln. Die Kombination des Bedarfsgüterportfolios mit den jeweiligen Bedarfsquellenportfolios führt zu der in Abbildung 24 dargestellten Strategiematrix. Diese stellt in Kombination mit den Ergebnissen der oben genannten Analysen die Grundlage zur strategischen Entscheidungsfindung und Ableitung von bedarfsgüter-/bedarfsquellenspezifischen Kooperationsmustern zur Optimierung der Beschaffungssituation dar.

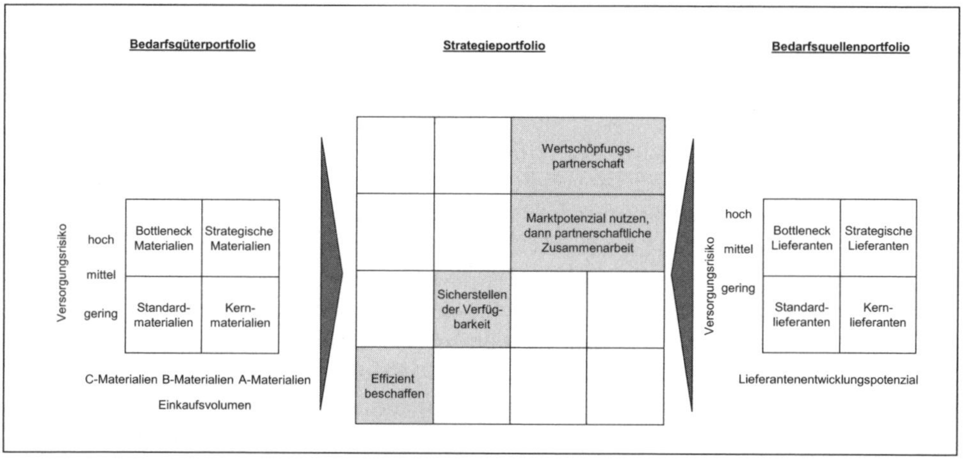

Abbildung 24: *Herleitung des Strategieportfolios*

Obwohl die bedarfsgüter-/bedarfsquellenspezifischen Kooperationsmuster in Abhängigkeit des Abnehmers individuellen Umfeldbedingungen anzupassen und je Güter-Quelle-Kombination gesondert auszuarbeiten sind, können solche Normstrategien für ausgewählte Konstellationen einen Leitfaden zur Ausgestaltung der Kooperationsformen liefern. Im Folgenden werden verschiedene Normstrategien aufgezeigt.

Treffen Standardmaterialien und Standardlieferanten aufeinander, lautet die Normstrategie „effizient beschaffen“. Die Ausgangssituation kann beschrieben werden durch ein begrenztes materialgruppenspezifisches Versorgungsrisiko bei insgesamt geringem Beschaffungsvolumen der Materialgruppe. Aufgrund eines Anbieterpolypols von Lieferanten geringer Angebotsmacht und niedrigem Entwicklungspotenzial werden für diese Materialgruppen je Lieferant nur geringe Beschaffungsvolumina gehandelt. Die Einkaufspreise sind meist ausgereizt. Infolge der Transparenz auf dem Beschaffungsmarkt bestehen kaum Preisunterschiede zwischen den Lieferanten. Bei dieser Konstellation bestehen die Hebel zur Hebung der Potenziale in einer Vereinfachung der Bestell- und Anlieferprozesse, einer Bedarfsbündelung oder aber einer technischen Vereinfachung. Durch E-Procurement, die Beschaffung über das Internet, können operative Beschaffungsprozesse signifikant vereinfacht werden. Abnehmerunternehmensinterne und zwischenbetriebliche Effizienz stehen im Vordergrund der zu verfolgenden Einkaufsaktivitäten.

„Sicherstellung der Verfügbarkeit“ lautet die Normstrategie des Einkaufs bei Engpasslieferanten. Die Situation eines gravierenden Versorgungsrisikos und hoher Kosten der Nichtverfügbarkeit trotz geringem Beschaffungsvolumen kann durch Anbieteroligopole und Anbietermonopole zustande kommen. Die Geschäftsbeziehungen werden meistens durch den Lieferanten dominiert und besitzen ebenfalls eine gegensätzliche Zielausrichtung. Die Normstrategie sieht eine Senkung des Versorgungsrisikos in der laufenden Serie durch Bestandsmanagement und abnehmerinternes Qualitätsmanagement vor. Für zukünftige Bedarfe sollten in der Produkt- und Prozessentwicklung Maßnahmen zur Reduzierung des Versorgungsrisikos umgesetzt werden. Ferner sollte durch Erschließung neuer Beschaffungsquellen und Aufbau von Lieferanten das bedarfsquellenbezogenen Versorgungsrisiko reduziert werden.

Der Einkauf von Kernmaterialien bei Kern- oder strategischen Lieferanten steht im Zeichen der Normstrategie „Markpotenzial nutzen, dann partnerschaftliche Zusammenarbeit“. Die Lieferanten verfügen über hinreichendes Entwicklungspotenzial, um innovative Zusammenarbeitsformen praktizieren zu können. Vielfach kann ein hoher Systemcharakter der Beschaffungsobjekte identifiziert werden, wodurch Berührungspunkte zwischen Abnehmer und Lieferant in Produktion, Qualitätssicherung, Logistik und in der Entwicklung begründet sind. Die Zielausrichtung der Zusammenarbeit sollte zu beiderseitigem Nutzen ausgestaltet sein. Die Hebel zur Potenzialrealisierung liegen zunächst in einem intensiven Preiswettbewerb im Laufe der Geschäftsanbahnung. Die Verhandlungsstärke des Abnehmers bei den Preisverhandlungen hängt dabei von der Angebotsmacht des Lieferanten ab. Prinzipiell ist sie bei Kernlieferanten stärker als bei strategischen Lieferanten. Elektronische Ausschreibungen sind ein innovatives Werkzeug im Einkauf, um den Preiskampf bei den Lieferanten zu intensivieren. Mit Eintritt in die Lieferbeziehung gilt es, vom Lieferanten und Abnehmer beidseitig getragene Maßnahmen zur Effizienzsteigerung entlang der gesamten logistischen Kette zu realisieren, um von den Erfahrungskurveneffekten dieser meist langjährigen Geschäftsbeziehung zu profitieren.

Die Beschaffungsstrategie „Marktpotenzial nutzen, dann partnerschaftliche Zusammenarbeit“ verwendet das geringe Versorgungsrisiko der Bedarfsgüter, um zunächst in einem Lieferantenwettbewerb einen niedrigen Einstandspreis zu erzielen. Durch die kooperative Ausrichtung der Geschäftsbeziehung wird dann das Entwicklungspotenzial des Lieferanten zum Nutzen des Abnehmers erschlossen. Strategische Materialien weisen bei ebenfalls hohem Beschaffungsvolumen der Materialgruppe im Vergleich zu Kernmaterialien erhöhtes materialgruppenspezifisches Versorgungsrisiko auf. Durch Berücksichtigung einer größeren Sicherheitskomponente entsteht die Beschaffungsstrategie „Wertschöpfungspartnerschaft". Das externe materialgruppenspezifische Versorgungsrisiko soll dabei durch den Aufbau einer gegenseitigen Abhängigkeit zwischen Abnehmer und Lieferant reduziert werden. Der abnehmerinternen Komponente dieses Risikos soll durch gezielte Nutzung des Lieferanten-Know-hows vorgebeugt werden. Durch sogenannte „Supplier Roadmaps" eruiert der Einkauf, ob Lieferanten die Fähigkeit aufweisen, den Entwicklungen des Abnehmers zu folgen. Die Zielausrichtung der Geschäftsbeziehung ist kooperativ. Der Schlüssel zum Erfolg liegt in der Nutzung des Lieferanten-Know-hows bei der Produkt- und Prozessentwicklung sowie in der Zusammenarbeit während der Lieferbeziehung. Geleitet durch die Normstrategien „effizient beschaffen", „Versorgung sicherstellen", „Marktpotenzial nutzen, dann partnerschaftliche Zusammenarbeit" und „Wertschöpfungspartnerschaft" können im nächsten Schritt der Beschaffungspotenzialanalyse spezifische Kooperationsmuster für einzelne Bedarfsgüter und Bedarfsquellenkombinationen erarbeitet werden. Die Gegenüberstellung eines Soll-Kooperationsmusters mit dem Ist-Zustand ermöglicht schließlich die materialgruppenspezifische Identifikation der Beschaffungspotenziale. Um eine Soll-Kooperationsform zu erarbeiten, ist zunächst eine Materialgruppe aus der 16-Felder-Matrix auszuwählen. Statt einer Überprüfung bestehender Lösungen auf unmittelbar machbare Veränderungen ist ein Idealkonzept anzudenken. Ideengeber können dabei externe Referenzprojekte oder Brainstormingaktivitäten sein. Erweist sich eine Idee als realisierbar, ist sie als materialgruppenspezifischer Ansatzpunkt zu formulieren. Im Anschluss daran erfolgt durch einen Abgleich der Idee mit dem Ist-Zustand eine Potenzialabschätzung.

Nicht alle in der 16-Felder-Matrix positionierten Bedarfsgüter-/Bedarfsquellenkombinationen werden durch gestaltungsfeldspezifische Normstrategien abgedeckt. Dennoch lassen sich für diese außenstehenden Kombinationen Handlungsempfehlungen ableiten. Für Strategische Materialien oder für Kernmaterialien, die aus Bedarfsquellen mit nur geringen Entwicklungspotenzialen stammen, ist die Suche nach Alternativlieferanten oder eine gezielte Lieferantenentwicklung vorzunehmen.

Engpassmaterialien, die von Standardlieferanten oder Kernlieferanten bezogen werden, erfordern zunächst keine größeren Maßnahmen. Bei Neuentwicklungen ist aber präventiv darauf zu achten, künftige Teile mit geringem externem Versorgungsrisiko zu verwenden und interne Versorgungsrisiken zu vermeiden. Werden diese Materialien von Strategischen Lieferanten bezogen, ist der Handlungsbedarf größer. Durch eine Verknüpfung der Bedarfsgüter mit anderen Gütern im Rahmen einer Modulbildung oder Verbundbeschaffung könnte versucht werden, das externe Versorgungsrisiko zu senken. Standardmaterialien, die von Engpasslieferanten gekauft werden, sind auf andere Bedarfsquellen zu übertragen. Werden Kernlieferanten oder Strategische Lieferanten zur Belieferung von Standardmaterialien eingesetzt, so liegt zunächst eine Überqualifikation des Lieferanten für diese Beschaffungsaufgaben vor. Kurzfristige Erfolge können hierbei durch Verlagerung auf andere, weniger hochqualifizierte

Lieferanten erzielt werden. Oft können bereits durch angedrohte Lieferantenwechsel kurzfristige Preiszugeständnisse erzielt werden. Die bisher als Produktleistung zu charakterisierende Lieferleistung wird dann zur Systemleistung. Faktorkostenvorteile und Skaleneffekte der Zulieferunternehmen können dabei zusätzliche Erfolgspotenziale erschließen. Durch die materialgruppenspezifische Diskussion alternativer Ausgestaltungsformen der Abnehmer-Lieferanten-Beziehungen entlang der Gestaltungsfelder ermöglicht die Beschaffungspotenzialanalyse die Identifikation von Erfolgspotenzialen und die Erarbeitung von Bezugsartalternativen im Sinne eines Soll-Konzeptes. Zur Realisierung werden diese Ansatzpunkte zu handhabbaren und mit Maßnahmenplänen hinterlegten Teilprojekten zusammengefasst.

7.1 Zeitbezogene Beschaffungsstrategien

Die Abgrenzung der Sourcing-Strategien nach zeitlichen Aspekten führt zu folgenden drei Ausprägungen:

- Stock-Sourcing,
- Demand-Tailored-Sourcing und
- Just-in-Time-Konzept.

Das Stock-Sourcing (Vorratsbeschaffung) strebt eine hohe Versorgungssicherheit mit Lagerbeständen an. Dabei wird die Beschaffung von der Produktion (Materialeinsatz) getrennt und ein Lager eingerichtet. Diese Form bietet sich wegen der hohen Lager- und Kapitalbindungskosten für C-Teile und Materialien mit sehr großem Versorgungsrisiko an. Darüber hinaus gilt es, die Verderblichkeit der Lagermaterialien zu beachten.

Bei der Variante Demand-Tailored-Sourcing erfolgt eine Bedarfsabstimmung zwischen Kunde und Lieferant und koppelt somit die Beschaffung direkt an die Fertigung. Hierbei lassen sich die Ausprägungen Einzelbeschaffung im Bedarfsfall und die fertigungssynchrone Anlieferung unterscheiden. Die Einzelbeschaffung im Bedarfsfall kann primär bei Einzelfertigung angewandt werden und zeichnet sich dadurch aus, dass die erforderlichen Materialien erst beschafft werden, wenn sie im Produktionsprozess erforderlich sind. Der Vorteil der Einzelbeschaffung ist in geringen Lager- und Kapitalbindungskosten zu sehen. Dagegen sind jedoch Nachteile beim Einstandspreis, der Durchlaufzeit und dem hohen Versorgungsrisiko in Kauf zu nehmen, die besonders durch den niedrigen Routinisierungsgrad verursacht werden. Die fertigungssynchrone Anlieferung steigert die Routine und die Intensität des Verhältnisses von Lieferanten und Kunde. Dafür ist ein regelmäßiger Bedarf über einen längeren Zeitraum erforderlich, was bei der Serien- und Massenproduktion gegeben ist. Bei diesem Konzept schließt der Kunde mit dem Lieferanten einen Rahmenvertrag, in dem sich der Lieferant verpflichtet, Beschaffungsmaterialien auf Basis des Produktionsplanes des Abnehmers zu einem bestimmten Termin zu liefern. Der Lieferant realisiert die Versorgungssicherheit beim Abnehmer, indem er Lagerbestände vorrätig hält.

Das Just-in-Time-Konzept (JIT) zeichnet sich durch eine deutlich stärkere Lieferanten-Kunden-Beziehung aus als das Demand-Tailored-Sourcing. Die Ausgangsidee ist auch hier eine Abstimmung des Bedarfs zwischen dem Kunden und den Vorstufen. Zusätzlich zum direkten Lieferanten werden dessen Zulieferer in die Planung integriert, indem ein abgestuftes System von Planungsdaten, Vorlaufzeiten und lieferantenspezifischen Informationen implementiert wird; diese Informationen ersetzen die Bestände. Im Gegensatz zur Vorratshaltung erfolgt bei JIT die Sicherstellung der Versorgungssicherheit im Rahmen einer umfassenden Synchronisierung des Materialflusses. Dadurch werden die Bestände und die Durchlaufzeit innerhalb der Wertschöpfungskette auf ein Minimum gesenkt. JIT geht jedoch weit über eine Bestandsreduzierung hinaus: Die spezifischen Merkmale der vertikalen Kooperation umfassen den Aufbau einer vertrauensvollen Partnerschaft, die Schaffung einer hohen Fertigungsflexibilität in kleinen Losen, eine Null-Fehler-Strategie, die Einrichtung eines interbetrieblichen Informationssystems sowie die Sicherstellung der logistischen Qualität. Zwischen Kunden und Lieferanten werden gemeinsame Projekte durchgeführt, wie z. B. Kontinuierlicher Verbesserungsprozess, Qualitäts-, Bestands-, Transportmittel- oder Standortplanung. Das JIT-Konzept eignet sich wegen des hohen Koordinationsaufwandes jedoch ausschließlich für A- und B-Teile mit relativ konstantem Bedarf. Mögliche Schwierigkeiten können im Bereich der Kommunikation mit den Lieferanten, der Qualität der JIT-Teile und der Logistik der Lieferanten auftreten. Ein Nachteil des Konzeptes ist die hohe gegenseitige Abhängigkeit von Lieferant und Kunde.

7.2 Single Sourcing versus Modular Sourcing

Die Unterscheidung der Sourcing-Strategien nach der Lieferantenanzahl führt zu folgenden Unterscheidungen: Single Sourcing, Sole Sourcing, Dual Sourcing und Multiple-Sourcing.

Unter Single Sourcing ist eine Methode zu verstehen, bei der ein Abnehmer für ein bestimmtes Bedarfsgut ausschließlich auf einen Lieferanten zurückgreift. Dadurch kommt es zu einer engen vertikalen Verbindung zwischen Lieferant und Kunde. Die Kooperation bei A-Teilen startet oft bereits während der Konstruktionsphase, in der der Lieferant in ein Simultaneous Engineering Team eingebunden ist, und besteht über den umfassenden Produktlebenszyklus. Bei B- und C-Teilen bietet sich das Konzept zur Senkung der Transaktionskosten an. Der Exklusivlieferant wird beim Single Sourcing als langfristige Ressource zur Erfolgspotenzialsteigerung gesehen. Diese Strategie bietet primär qualitative und preisliche Vorteile. Zusätzlich ergeben sich noch Potenziale durch Mengenbündelung und eine erhöhte Transparenz des Materialflusses. Nachteile liegen in der extremen Abhängigkeit der Lieferanten-Abnehmer-Beziehung sowie der Wettbewerbsbeschränkung. Single Sourcing ist eine Entwicklung, die sich auch in den nächsten Jahren fortsetzen wird.

Das Sole Sourcing ist ein Sonderfall des Single Sourcings und beschreibt den Zustand einer monopolistischen Stellung eines Lieferanten. Hierbei ist der Abnehmer förmlich gezwungen, sich auf einen Lieferanten zu beschränken. Da die Verhandlungsmacht auf Seiten des Lieferanten liegt, kommt beim Beschaffungsmanagement nicht der kooperative Ansatz der strategischen Allianz infrage. Die Belieferung muss in diesem Fall über langfristige Rahmenverträge mit Festpreisen, die Suche nach Substitutionsprodukten oder die Entwicklung neuer Lieferanten sichergestellt werden.

Das Dual Sourcing versucht die Vorzüge des Single- mit denen des Multiple-Sourcings zu kombinieren. Das Beschaffungsobjekt wird beim Dual Sourcing von zwei Lieferanten bezogen. Der Preis- und Qualitätswettbewerb zwischen beiden Lieferquellen wird durch unterschiedlich verteilte Auftragsvolumina aufrechterhalten, die sich bei Verschiebung der Leistungsfähigkeit ändern. Grundsätzlich besteht die Gefahr der Absprache zwischen den Lieferanten zu Ungunsten des Abnehmers.

Im Multiple Sourcing wird der Beschaffungsbedarf für ein Objekt auf mehrere Lieferanten aufgeteilt. Voraussetzung dafür ist, dass genügend leistungsfähige und qualifizierte Anbieter auf dem Markt zur Verfügung stehen. In der Vergangenheit wurde besonders bei A- und B-Teilen darauf geachtet, dass nicht mehr als 30 Prozent des eigenen Bedarfs von einem Zulieferer bezogen werden. Außerdem sollte die Fertigungskapazität eines Lieferanten maximal zu 40 Prozent durch den eigenen Bedarf ausgelastet sein. Ziel des Multiple Sourcings ist es, den Wettbewerb zu fördern, um die Leistungsfähigkeit und die Preiswürdigkeit der Anbieter zu steigern. Die Vorteile des Konzeptes liegen in der geringen gegenseitigen Abhängigkeit und in der Risikostreuung. Ein Lieferantenwechsel ist ohne großen Aufwand bei standardisierten Objekten möglich. Bei abnehmerspezifischen und werkzeuggebundenen Teilen ist ein Lieferantenwechsel auch im Multiple Sourcing nicht problemlos. Hier bietet sich die Neuverteilung des Volumens als Druckmittel an.

Die Abgrenzung der Sourcing-Strategien nach dem Beschaffungsobjekt führt zu folgenden Unterscheidungen: Unit Sourcing und Modular/System-Sourcing.

Beim Unit-Sourcing werden Roh-, Hilfs- und Betriebsstoffe, Teile und Einzelaggregate mit geringer Komplexität und Wertschöpfung von Lieferanten bezogen. Der Schwerpunkt des Konzeptes liegt in der Sicherstellung der passgenauen Einbaufähigkeit. Dazu müssen die Teile so beschaffen sein, dass sie eine Schnittstellenkompatibilität zu den Produkten des Abnehmers aufweisen, in die sie eingebaut werden sollen. Bei den Schnittstellen unterscheidet man zwei Ausprägungen: die invariante Schnittstelle (Kompatibilität mit wenigen Leistungsarten) und die variante Schnittstelle (Kompatibilität mit vielen Leistungsarten). Teile mit invarianten Schnittstellen werden als Komponenten-Spezialitäten bezeichnet und sind auf die speziellen Bedürfnisse der Abnehmer zugeschnitten. Güter mit varianten Schnittstellen werden Komponenten-Commodities genannt und sind meist standardisierte Teile.

Das Modular/System-Sourcing ist allgemein durch den Bezug von komplexen Gütern gekennzeichnet, die bereits eine hohe Wertschöpfung (Lohn- und Montagekosten inklusive der Disposition der Teile) darstellen und im Gesamtsystem des Abnehmers montiert werden. Dabei müssen die Begriffe Modul und System differenziert betrachtet werden. Von Modulen, wie um Beispiel Front-End oder Türen bei Autos, spricht man, wenn es um die einbauortspezifisch-räumliche Zusammengehörigkeit von integrierten Baugruppen geht. Das Ziel der Modulbildung und des Modular Sourcings ist die Reduktion der Komplexität und die Verringerung der Lieferantenanzahl. Ein Modullieferant erbringt vorrangig lohnintensive Montageleistung, indem er Teile und Komponenten verschiedener vorgelagerter Lieferanten zu einem einbaufertigen Modul montiert. Dagegen weisen Systeme, wie zum Beispiel Brems-, ABS- oder Beleuchtungsanlagen, eine technologisch-funktionale Zusammengehörigkeit auf. Der Schwerpunkt des System Sourcings liegt in der Entwicklung, Fertigung und Montage von hochintegrierten Systemen mit dem Ziel, die Fertigungstiefe zu reduzieren und sich auf Kernkompetenzen zu konzentrieren. Der Systemlieferant oder First-Tier-Supplier steht an der Spitze der Zulieferpyramide und arbeitet eng mit dem Abnehmer und seinen eigenen Lieferanten zusammen. Bei der Zusammenarbeit mit Zulieferunternehmen koordiniert er die gesamte Vorfertigung und Entwicklung, so dass neuerdings auch der Begriff Systemintegrator verwendet wird. Das System- bzw. Modular-Sourcing ist ein Trend, der sich mit der Verringerung der Fertigungstiefe, der Erhöhung der Variantenvielfalt und der technologischen Komplexität noch verstärken wird. Im nächsten Abschnitt wird die Methodik des Forward Sourcings als praktische Ausprägung von Modular Sourcing näher beschrieben.

Der Begriff Forward Sourcing oder Early Supplier Involvement bedeutet nach vorn gerichtete Beschaffung und ist eng mit dem Simultaneous Engineering verbunden. Mit Hilfe des Forward Sourcings soll zu einem möglichst frühen Zeitpunkt im Entwicklungsprozess ein Entwicklungs- und Serienzulieferer festgelegt und in die Planung integriert werden. Dazu ist es notwendig, die Beschaffung und die Lieferanten von Anfang an in den Produktgestaltungsprozess zu involvieren. Dies muss auch vor dem Hintergrund geschehen, dass mehr als 50 Prozent der späteren Produktkosten durch Materialaufwendungen extern vorgegeben sind und dass die Wertschöpfungstiefe in deutschen Unternehmen durchschnittlich unter 20 Prozent liegt. Die Integration der Lieferanten als organisatorisches Konzept ist damit ein dringendes Wettbewerbserfordernis.

Das Forward Sourcing verfolgt folgende Ziele:

1. Reduzierung der Entwicklungszeit:
   Mehrere Lieferanten erbringen für ein Unternehmen zeitlich parallel Forschungs- und Entwicklungsleistung für mehrere Komponenten. Ein Unternehmen kann sich so auf seine Kernkompetenzen konzentrieren, und für den Kunden herausragende Produkteigenschaften schaffen. Bei komplexen Produkten, wie zum Beispeil Fahrzeugen, wäre selbst ein großer Konzern aufgrund personeller, zeitlicher und finanzieller Restriktionen nicht in der Lage, alle Komponenten selbst zu entwickeln. Da die Lieferanten zeitlich parallel zu den Entwicklungsarbeiten des Abnehmers, im Sinne des Simultaneous Engineerings, integriert werden, wird die Zeitersparnis umso größer, je mehr Zulieferer in das Projekt einbezogen werden.

2. Reduzierung der Produktkomplexität und Entwicklungskosten:
   Da der Trend zu immer komplizierteren Produkten und Verfahren geht, sind die Unternehmen heute nicht mehr in der Lage, alle relevanten Technologien zu überblicken. Ein arbeitsteiliges Vorgehen mit Zulieferern ist somit zwingend erforderlich, da diese Unternehmen über Spezialkenntnisse und technisches Know-how verfügen. Lieferanten sind dadurch oftmals in der Lage, effizienter und kostengünstiger zu produzieren. Das Ergebnis der Komplexitätsreduktion ist ein geringerer Gesamtkonstruktionsaufwand bei verbessertem Output.

Ein wichtiges Kennzeichen des Forward Sourcings sind interdisziplinäre, unternehmensübergreifende Projektteams, die sich aus Konstrukteuren, Einkäufern, Vertriebsmitarbeitern, Qualitäts- und Produktionsfachleuten zusammensetzen. Die Teammitglieder haben zum einen die Aufgabe, das Produktentwicklungsprojekt zu planen, zum anderen müssen sie in ihren jeweiligen Fachabteilungen die Umsetzung realisieren. Doppelarbeit lässt sich mit diesem Teamkonzept weitgehend vermeiden.

Das Forward Sourcing beginnt bei der Produktentwicklung mit der Entwicklung einer groben konzeptionellen Vorstellung davon, welche Leistungen extern beschafft werden sollen. Die Beschaffungsmarktforschung muss in diesem Zusammenhang Informationen über Marktmöglichkeiten bereitstellen, vorselektieren und bewerten. Anschließend erfolgt die Zuordnung der einzelnen Beschaffungskomponenten zu den ausgewählten Lieferanten. Die Lieferantenauswahl erfolgt in einem Buying-Center und orientiert sich dabei primär am Innovationspotenzial der möglichen Zulieferunternehmen. Die weitere Integration der Zulieferunternehmen erfolgt in Abhängigkeit von der technischen Komplexität der Zulieferleistung. Dabei unterscheidet man zwischen Systemen/Modulen, Zeichnungsteilen/Baugruppen und Standardteilen. Die Systemlieferanten erhalten gleich zu Beginn der Entwicklungsphase ein Lastenheft. Dieses enthält lediglich Rahmenparameter und Zielkosten, um dem Lieferanten möglichst viel Freiraum für die eigene Entwicklung zu lassen. Die detaillierte Konstruktion legen Abnehmer und Lieferant dann gemeinsam fest. Die Koordination der Unterlieferanten hinsichtlich F&E übernimmt der Systemlieferant. Die Integration der Baugruppen- und Standardteilelieferanten ist entsprechend weniger ausgeprägt. Neben der Produktentwicklung kann das Forward Sourcing auch noch auf anderen Gebieten, wie zum Beispiel Qualitätsplanung, Logistikplanung und Kosten-Engineering, zur Anwendung kommen. Bei der gemeinsamen Qualitätsplanung verfolgen Abnehmer und Lieferanten das Ziel, die absolute Fehlerfreiheit von Kaufteilen bei Serienfertigung zu erreichen. Dies soll jedoch nicht durch Eingangsprüfungen sichergestellt werden, sondern mittels beherrschter Prozesse bei den Lieferanten. Das Forward Sourcing berücksichtigt deshalb schon in der Ausschreibungsphase qualitätsrelevante Aspekte wie die Qualitätsfähigkeitsprüfung von neuen Lieferanten und Technologien oder die Beteiligung von QM-Auditoren bei der Lieferantenauswahl.

Der Vorteil dieser Vorgehensweise liegt in der Nutzung des spezifischen Entwicklungs- und Fertigungswissens der Lieferanten. Die Logistikplanung wird gegen Ende der Serienentwicklung im Rahmen des Forward Sourcings von Lieferanten und Abnehmer gemeinsam entworfen. Kernpunkte hierbei sind ein Transport-, Informations-, Behälter- und Anlieferungskonzept. Das Kosten-Engineering basiert auf dem im zweiten Kapitel diskutierten Target Costing unter Einbeziehung der Lieferanten. Die Kostenbetrachtungen erstrecken sich dabei auf Produkt-, Prototypen-, Entwicklungs-, Betriebsmittel-, Logistik-, Entsorgungs- und Gewährleistungskosten.

7.3 Beschaffungsmarketing

Die erarbeiteten Beschaffungsstrategien fließen als Bestandteil in das Beschaffungsmarketing ein. Der Beschaffungsmarketing-Mix ist ein optimiertes Bündel von beschaffungspolitischen Maßnahmen (Marktbeeinflussungsinstrumenten), die für eine gegebene Entscheidungssituation eingesetzt werden, um den Vormarkt zu beeinflussen. Dabei lässt sich eine Ähnlichkeit zu den Instrumenten des Absatzmarketings (Produkt-, Entgelt-, Service-, Distributions- und Kommunikationspolitik) feststellen. Werden die einzelnen Instrumente weiter konkretisiert, lässt sich jedoch ein signifikanter Unterschied zwischen den Absatz- und Beschaffungsinstrumenten darstellen, der auf gegensätzlichen Zielansätzen beruht.

Die beschaffungspolitischen Marktbeeinflussungsinstrumente gliedern sich in fünf Teilbereiche:[18]

- **Produktpolitik**

Produktentwicklung	Eigen-, Partner-, Lieferanten-, Dritt-, Neu-, Weiterentwicklung
Produktgestaltung	Leistungs-/Gestaltungsvorschriften, Toleranzen, Anpassung
Produktmodifikation	Produktdifferenzierung, -vereinheitlichung, -veränderung
Produktherstellung	Herstellungstoleranzen, Material- und Werkzeugbeistellung
Produktprogramm	Produktselektion, -tiefenpolitik, -breitenpolitik

- **Entgeltpolitik**

Preis	Preisanpassung, -druck, -bewilligung, Fest-, Leistungspreis
Rabatt	Sonder-, Mengen-, Aufnahmerabatt, Skonto
Zahlungsmodalität	Zahlungsweg, -instanz, -termin, -mittel, -sicherheit
Prämie	Mengen-, Zeit-, Belieferungs-, Sonderleistungsprämie
Kredit	Lieferantenkreditforderung, -gewährung, kapitalmäßige Beteiligung

- **Servicepolitik**

Preis	Preisanpassung, -druck, -bewilligung, Fest-, Leistungspreis
Rabatt	Sonder-, Mengen-, Aufnahmerabatt, Skonto
Zahlungsmodalität	Zahlungsweg, -instanz, -termin, -mittel, -sicherheit
Prämie	Mengen-, Zeit-, Belieferungs-, Sonderleistungsprämie
Kredit	Lieferantenkreditforderung, -gewährung, kapitalmäßige Beteiligung

18 Vgl. Koppelmann, Beschaffungsmarketing, Berlin, 2000, S. 280-283

- **Bezugspolitik**

Menge	Bestellmengeneinhaltung, variable Mengen
Modalität	Rahmenvertrag, Exklusiv-, Konsignationsbezug, Incoterms
Institution	Zentral-, Niederlassungs-, Mandantenkauf, Einkaufskooperation
Logistik	Zentral-, Niederlassungs-, Fremdlager-, Transportmittel

- **Kommunikationspolitik**

Kontakt	Bereitschaft, Lieferantentag, Einkaufsmesse
Know-how-Transfer	Vertraulichkeit, Markt-, Unternehmens-, Produktberatung
Abwicklung	Offerten-, Angebots-, Bestell-, Berechnungsabwicklung
Werbung	Branchen-, Produkt-, Lieferanten-, Bedarfswerbung
Referenz	Beschaffer-, Lieferanten-, Drittreferenzen

Die verschiedenen Instrumente müssen optimal kombiniert werden, um eine erfolgspotenzialsteigernde Markt- bzw. Lieferantenbeeinflussung zu erreichen. Die Kombination, auch Mix-Planung genannt, berücksichtigt die Instrumente, die Spezifika der Beschaffungssituation (z. B. Beschaffer- und Lieferantenmacht, Markttendenzen) und den Beschaffungsbedarf. Die Mix-Planung wird dabei mit vielfältigen Problemen (sehr viele Beschaffungsobjekte, unternehmensinterne Restriktionen der Konstruktion, Interdependenzen zwischen den einzelnen Instrumenten, Ungewissheit über die Interessen der Lieferanten, Dynamik der Entwicklung) konfrontiert. Sie führen dazu, dass meist intuitiv und auf Erfahrung basierend geplant werden muss.

7.4 E-Procurement

Das E-Procurement ermöglicht eine Prozessoptimierung durch Beschaffung über das Internet. E-Procurement repräsentiert elektronische Lösungen, mit denen die Beschaffungsaktivitäten initiiert, durchgeführt und kontrolliert werden können. Bereits seit mehreren Jahrzehnten wird in Unternehmen Software zur Verwaltung von Bestellungen und Beständen eingesetzt. Im nächsten Entwicklungssprung kamen erste Standardlösungen auf den Markt, die die Entwicklungs- und Fertigungsabteilung integrierten. In der heutigen Generation lassen sich softwaregestützte Versorgungs- und Lieferketten integriert realisieren. E-Procurement erlaubt primär eine Minimierung der bestellbezogenen Prozesskosten. Durch Vereinfachung, Standardisierung und Automatisierung des Bestellprozesses kommt es insbesondere bei C-Artikeln zu Einsparungen im zweistelligen Prozentbereich.

Grundsätzlich kann sich E-Procurement im B2B-Kontext von der Information über Interaktionen (Ausschreibungen etc.) und Bestellabwicklung bis zur Integration (Verzahnung des Bestellwesens mit Warenwirtschaftssystem und Logistiksystemen) über alle wesentlichen Phasen im Einkauf erstrecken. Allerdings darf nicht übersehen werden, dass der Großteil der deutschen Unternehmen bisher über E-Mail-Korrespondenz, Homepage, Kundenbetreuung sowie das Mitverfolgen des Auftragsabwicklungsstatus noch nicht hinausgekommen ist. Ein externer Zugriff auf vertrauliche Daten via Extranet oder gar die vollständige elektronische Unterstützung bestehender Lieferketten sind derzeit noch die Ausnahme – vor allem in den mittelständischen Geschäftsbeziehungen. Jedoch beschleunigt sich die Entwicklung in diese Richtung. Das Spektrum der Möglichkeiten reicht – abhängig von den elektronisch zu unterstützenden Prozessschritten – von Suchmaschinen für Lieferanten-Webpages über elektronische Kataloge bis zu Marktplätzen und Auktionen. Während für operative Einkaufstätigkeiten bereits seit mehreren Jahren insbesondere elektronische Kataloge sowie Eletrconic Data Interchange-Lösungen verbreitet sind, steckt die Nutzung innovativer Tools für strategische Einkaufsprozesse (Lieferantensuche und -auswahl, Ausschreibung sowie Preisverhandlung inklusive Vertragsgestaltung) noch in der Anfangsphase. Mögliche Kriterien zur Auswahl geeigneter Tools sind zum Beispiel die Komplexität der zu beschaffenden Güter, die Wettbewerbsintensität auf dem Lieferantenmarkt, das Einkaufsvolumen oder die Anzahl der getätigten Transaktionen. Ergebnis ist die unternehmensspezifische Matrix aus den wesentlichen Warengruppen und den jeweils für strategischen beziehungsweise operativen Einkauf infrage kommenden E-Procurement-Tools.

Da elektronische Marktplätze von der Lieferantensuche bis zur operativen Bestellung das Instrument mit den umfangreichsten Einsatzmöglichkeiten im Einkauf sind, wird auf die Nutzungsmöglichkeiten elektronischer Marktplätze im globalen Einkauf näher eingegangen. Neben speziellen Lieferantensuchmaschinen ergeben sich beim Einsatz elektronischer Marktplätze die besten Möglichkeiten, das Angebot ausländischer Lieferanten ohne größeren Aufwand kennen zu lernen und so eine erste Vorauswahl infrage kommender Lieferanten vorzunehmen. Je nach Art des Marktplatzes können dabei zwei wesentliche Funktionen erfüllt werden: Einerseits kann eine große Anzahl von potenziellen Käufern und Verkäufern bei festgeschriebenen Preisen zusammengeführt werden (Aggregationsmechanismus), andererseits können Anbieter und Nachfrager auf der Basis spezifischer Anfragen gewünschte Mengen und Qualitäten live verhandeln, zumeist in Form einer Auktion. Eine grundsätzliche Unterscheidung betrifft daneben die Art der gehandelten Güter. Indirekte oder MRO-Güter (Maintenance, Repair, Operations) wie Büromaterial, Ersatzteile oder Flugtickets werden im Regelfall auf branchenunabhängigen Marktplätzen abgewickelt. Direkte Materialien werden dagegen weitgehend über branchenbezogene Marktplätze gehandelt. Die Einsparungseffekte für den Käufer liegen bei indirekten Gütern vor allem in einer Senkung der Prozesskosten, bei direkten Gütern in einer Senkung der Einstandspreise. Eine zusammenfassende Übersicht über die Vorteile von E-Procurement zeigt die Abbildung 26.

I. Kostenreduktion	II. Zeitersparnis	III. Qualitätssteigerung
▪ Reduktion der Prozesskosten	▪ Beschleunigung und Optimierung von Prozessen	▪ Stärkung des strategischen Einkaufs
▪ Reduktion der Einstandspreise (durch Lieferantenreduzierung und Produktstandardisierung)	▪ Automatisierung von Prozessen	▪ Erhöhung der Markttransparenz
▪ Optimierung von Rahmenverträgen	▪ Reduktion operativer Tätigkeiten	▪ Optimierung der Lieferantenbeziehung

Abbildung 25: *Vorteile von E-Procurement*

Für die Nutzung internationaler Bezugsquellen sind im Wesentlichen branchenbezogene Marktplätze von Bedeutung, da hier von spezialisierten Anbietern die entscheidenden Inputfaktoren für eine qualitative oder preisliche Differenzierung bezogen werden können. Nachdem in den vergangenen Jahren eine fast unüberschaubare Fülle an Marktplätzen entstanden ist, hat inzwischen eine Konsolidierungswelle unter den Start-ups eingesetzt. Bei den zeitversetzt von Großkonzernen als Käufer-Sites oder Verkäufer-Sites ins Leben gerufenen Marktplätzen ist hingegen der Trend zu beobachten, dass die Unternehmen ihre bisher eigenen Marktplätze zu großen vertikalen Marktplätzen zusammenführen, wodurch die Transparenz und damit die strategische Einkaufsarbeit wesentlich verbessert werden. Zu beachten bleibt jedoch, dass derzeit neben wenigen internationalen Marktplätzen vor allem national geprägte Marktplätze in Deutschland dominieren. Ob und auf welchen Marktplätzen sich jemals eine wirklich global repräsentative Auswahl der Produkte einer Branche darstellen lässt, bleibt abzuwarten. Kurz- bis mittelfristig dürften insbesondere für Unternehmen auf der Suche nach kleinen Nischenanbietern die traditionellen Methoden der Beschaffungsmarktforschung für Global Sourcing nicht zur Disposition stehen. Eine Vereinfachung stellt sich bei kompetenter Nutzung der Marktplätze jedoch schon heute ein.

E-Business bei BMW

Mit dem Programm E-Business SRM entwickelte BMW webbasierte Prozesse zur Verbesserung der Zusammenarbeit mit Lieferanten und verankerte sie in der Organisation. Zentrale Plattform zur Anbindung von Lieferanten ist das Partner Portal der BMW Group. Über 25.500 externe Anwender aus 4.200 Betrieben bzw. Firmenstandorten sind dafür zugelassen. Ferner wird das Portal von 35.000 internen Mitarbeitern im Tagesgeschäft genutzt. Sicherheitstechnische Anforderungen werden durch die verschlüsselte Datenübertragung erfüllt.

Durch Prozessoptimierung und Datenmanagement wurde sowohl die Abwicklung der Beschaffungsprozesse optimiert als auch die Informationsbasis über den Beschaffungsmarkt deutlich erweitert. Bestellungen, Finanzinformationen und Lieferabrufe für Serien- und Versuchsteile werden papierlos via elektronischen Datenaustausch oder Internet übermittelt.

Durch interaktive E-Business-Werkzeuge, wie elektronische Anfragen oder Auktionen, werden Komponenten und Materialien schneller, transparenter und günstiger eingekauft. Ebenso verbesserte sich die Lieferantenintegration im Produktentstehungsprozess durch die Einführung elektronischer Prozesse. Dabei kommen insbesondere „Filesharing" und „Online-Conferencing" zum Einsatz. So können die Entwicklungspartner der BMW Group direkt auf für die Entwicklung notwendige Daten zugreifen.[19]

Beschaffungsobjekte

Grundsätzlich eignen sich für E-Commerce Objekte mit geringem Versorgungsrisiko und niedriger Wertigkeit oder niedriger Bedeutung für das Betriebsergebnis. Unter den eingegrenzten Materialien befinden sich z. B. Katalog-, Standard- und Normteile, C-Bedarfe, Büroverbrauchsmaterial, Arbeitsschutzbekleidung, Reinigungsartikel sowie Werkzeuge. Diese Objekte sind dadurch gekennzeichnet, dass sie von geringem Wert sind und eine geringe Risikostruktur aufweisen, aber hohe Kosten bei der Einkaufsabwicklung verursachen.

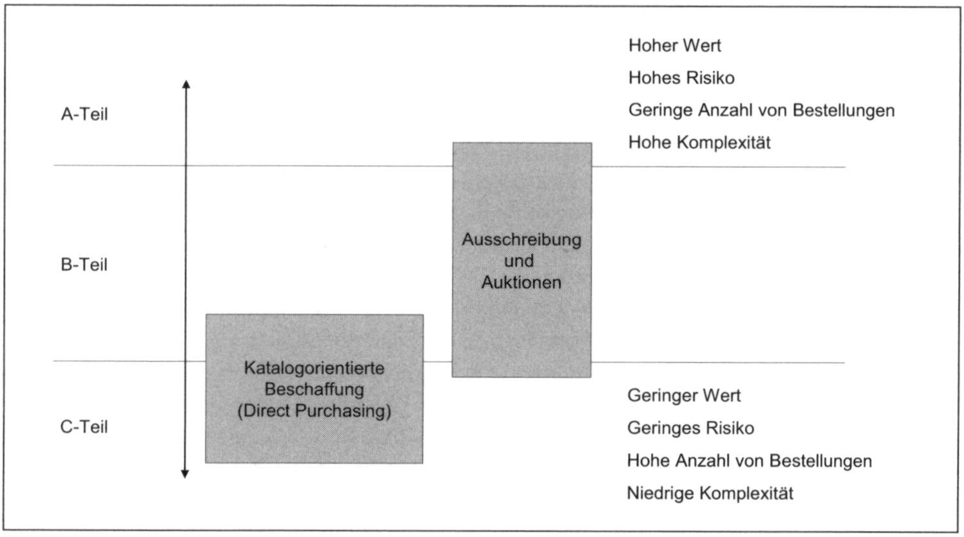

Abbildung 26: *Übersicht A-, B-, C-Teile*

Weiterhin können die ABC-, XYZ- und Produktlebenszyklus-Analyse unterstützend eingesetzt werden. Als zusätzliche Kriterien werden die anfallenden Transportkosten im Verhältnis zum Produktpreis, gesetzliche Beschränkungen und das Image eines Anbieters oder Produktes berücksichtigt. Grundsätzlich ist es von Vorteil einen Lieferanten auszuwählen, der bereits über Erfahrung mit elektronischen Katalogen verfügt und ein sehr breites Sortiment anbietet.

---

19 Vgl. BMW Geschäftsbericht 2005, S. 34

Der E-Procurement Prozess

Der E-Procurement-Prozess kann in unterschiedlichen Ausprägungen ablaufen – je nachdem wie ein Unternehmen seine Ablauforganisation im operativen Einkauf gestaltet hat. Grundsätzlich kommt es bei allen Gestaltungsvarianten zu einer Verlagerung von Dispositionsaufgaben des Einkaufs zu den Bedarfsträgern. Damit wird der Einkauf entlastet und der Prozess der Maintenance, Repair, and Operations-Beschaffung beschleunigt.

Durch E-Procurement ergeben sich Änderungen bezüglich des Ablaufes des Vertragsabschlusses und der Bestellabwicklung. Sowohl die Bestellung als auch die Auftragsbestätigung werden elektronisch durch die Bedarfsträger im Rahmen ihrer Budgetverantwortung abgewickelt. Die Genehmigung oder Ablehnung einzelner Bestellanforderungen kann durch den Vorgesetzten erfolgen. Die rechtliche Verbindlichkeit dieser Verträge ist derzeit noch umstritten, stellt aber bei einem guten Verhältnis zu den Lieferanten kein unüberwindliches Hindernis dar. Die Überwachung der Bestellungen übernimmt weitestgehend ein mit den Lieferanten gekoppeltes Softwareprogramm, das nur eine Überschreitung von Terminen an den Bedarfsträger und an den strategischen Einkauf meldet. Der strategische Einkauf kann diese Daten bei der Lieferantenbeurteilung und einer zukünftigen Lieferantenauswahl berücksichtigen. Bei der Warenannahme und Rechnungsprüfung muss der Bedarfsträger alle Aufgaben des Einkaufs analog übernehmen. Die Abwicklung über E-Commerce bedeutet somit für den Bedarfsträger einen Mehraufwand, der jedoch allgemein akzeptiert wird, da die Prozessverantwortung und -kontrolle ebenfalls übertragen werden.

Im Folgenden soll ein Beispielprozess dargestellt werden, der den Einkauf über elektronische webbasierte Kataloge und eine Online-Verbindung dokumentiert. Die Bedarfsträger, die das zu bestellende Material benötigen oder einsetzen, erhalten die Berechtigung, bis zu einer bestimmten Wertgrenze Beschaffungsobjekte direkt vom Schreibtisch aus einzukaufen (Self-Service-Beschaffung). Dazu sind im Computer der berechtigten Mitarbeiter Softwareprogramme mit Produktkatalogen inklusive Preisen und eine Online-Verbindung hinterlegt. Im Produktkatalog kann eine vorher definierte Auswahl der Objekte erfolgen. In dem webbasierten Katalog sind die Produkte nicht nur beschrieben, sondern werden durch Bilder, Videos oder Ton präsentiert. Die Entscheidung, welche Produkte von welchen Lieferanten zu welchen Konditionen ausgewählt werden können, definiert der strategische Einkauf in Abstimmung mit den Bedarfsträgern. Nach Auswahl eines Produktes aus dem Katalog kann sich der Mitarbeiter die Verfügbarkeit und Lieferzeit durch eine Online-Verbindung zum Lieferanten anzeigen lassen. Der Bedarfsträger ist hierbei mit der Betriebsdatenerfassung oder Lagerdatei des Zulieferers verbunden. Soll ein bestimmtes Produkt beschafft werden, löst man eine Online-Bestellung aus. Der Lieferant kann die Bestellung gänzlich elektronisch bearbeiten und versendet die Waren an den Bedarfsträger. Dieser muss das Beschaffungsobjekt und die Begleitpapiere nach Erhalt prüfen und bei positivem Prüfergebnis die Rechnung zur elektronischen Bezahlung freigeben. Der Lieferant stellt monatlich eine Sammelrechnung an die Finanzabteilung des Unternehmens. Nachfolgende Abbildung 27 gibt zusammenfassend einen Überblick über den E-Procurement Prozess.

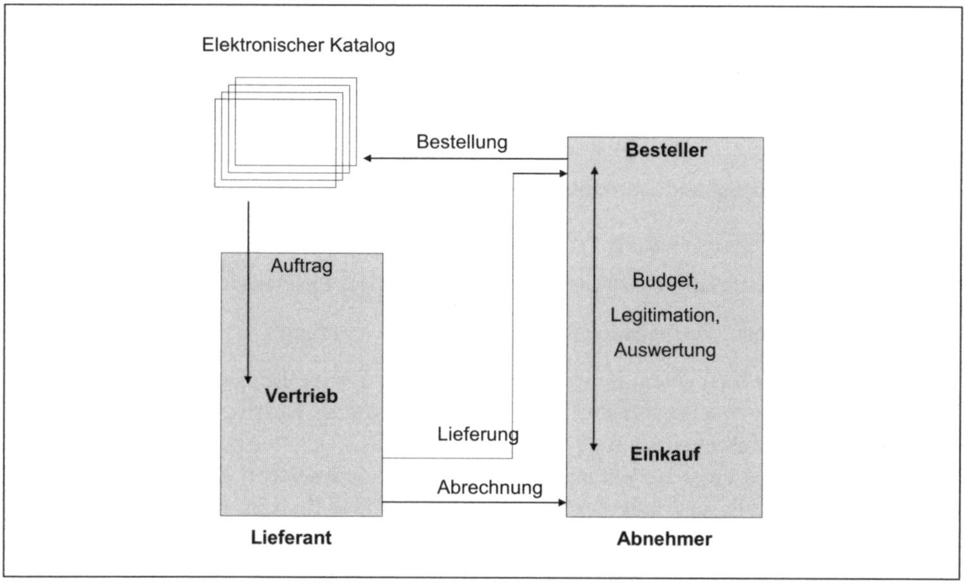

Abbildung 27: *E-Procurement Prozess*

Praxisbeispiel: Internetgestützte Beschaffungsplattform bei ThyssenKrupp

Der globale Einkauf bei ThyssenKrupp wird durch eine Beschaffungsplattform im Internet unterstützt. Darin ist das Programmmodul Strategic Sourcing integriert, welches weltweit Ausschreibungen und Auktionen ermöglicht. Im ersten Einsatzjahr konnte bereits ein Bedarfsvolumen von mehr als 500 Mio. Euro über das Internet ausgeschrieben werden. Online-Ausschreibungen nutzen zurzeit Konzernunternehmen in Europa und den USA. Ein anderes Programmmodul – Catalog Ordering – hat sich ebenfalls international durchgesetzt. Mehr als zwei Millionen Artikel von über 230 Lieferanten lassen sich jetzt von allen ThyssenKrupp Gesellschaften über diese Plattform online beziehen. Durch die Bündelung der Konzernnachfrage konnten wesentlich bessere Preise und Konditionen vereinbart werden.[20]

Auch im Chemikalienproduzent Lanxess werden systematisch E-Procurement-Werkzeuge wie E-Catalogs und elektronische Marktplätze genutzt, die weitgehend in die internen EDV-Systeme integriert sind. Gegenwärtig werden bereits 30 Prozent aller Bestellpositionen über E-Procurement abgewickelt.[21]

20 Vgl. ThyssenKrupp, Geschäftsbericht 2005, S. 69

21 Vgl. Lanxess, Geschäftsbericht 2005, S. 66

Chancen und Risiken

Die unternehmensbezogenen Chancen von E-Commerce lassen sich unterteilen in:

- Möglichkeit des 24-Stunden Einkaufs,
- Senkung der Prozess- und Transaktionskosten durch Prozessreengineering,
- Entlastung der Beschaffung und Konzentration auf strategische Aktivitäten,
- Verkürzung der Beschaffungszyklen und Reduzierung der Bestände und
- sofortige Angebots-, Verfügbarkeits- und Auftragsstatusprüfung.

Die Risiken des E-Procurement lassen sich heute noch nicht vollständig abschätzen. Global betrachtet könnte es zu einer Neustrukturierung der klassischen Beschaffungs- und Vertriebskanäle mit allen Konsequenzen für Intermediäre kommen. Der Bedeutungsverlust im Handeln führt jedoch zu einer Bedeutungszunahme des Logistiksektors. Auf die Unternehmen und speziell auf die Beschaffung bezogen, ergeben sich drei Risiken. Als primäres Problem gilt die Sicherheit im Zahlungsverkehr. Hier existieren unterschiedliche Strategien zur Risikominimierung. Für höherwertige Güter hat sich die Bezahlung mit Kreditkarte, für geringwertige Güter elektronisches Geld durchgesetzt. Weiterhin kann man Zahlungssysteme untergliedern nach dem Zeitpunkt der Zahlung in pre-, now- und post-paid. Ein weiteres Risiko stellt die sichere Übertragung von wettbewerbsrelevanten Daten dar. Zur Transportsicherung bedient man sich verschiedener Protokolle, wie z. B. Secure Electronic Transaction (SET), Secure Socket Layer (SSL) oder Secure HyperText Transfer Protocol (S-HTTP). Als drittes Problem fehlt es dem Internet und vielen Produktkatalogen an Transparenz. Das schnelle und gezielte Auffinden von Artikeln und die direkte Abwicklung von Bestellungen sind aber Voraussetzungen für die Senkung der Prozesskosten. Die Orientierungshilfen von Produktkatalogen sind deshalb bereits mit vielfältigen Such- und Sortierfunktionen ausgestattet.

Technische Realisierung

Die technische Realisierung von E-Commerce-Lösungen richtet sich nach der Prozessgestaltung und der im Unternehmen vorhandenen IT-Struktur. Da in den meisten mittleren und großen Firmen SAP R/3 als Unternehmenssoftware vorhanden ist, bietet sich die Nutzung des Business-to-Business-Procurement-Moduls (BBP) für E-Commerce an. Die Vorteile dieser Variante liegen in der Integrierung des Gesamtflusses von Gütern, Informationen und Finanzströmen in der innerbetrieblichen Unternehmenssoftware und in der Kompatibilität zu den Systemen der Umwelt (Lieferanten). Das BBP-Tool ist eine schnelle Implementierungslösung, was die IT-Seite betrifft. Wesentlich komplizierter gestaltet sich die Einbindung und Nutzung von elektronischen Lieferantenkatalogen. Das BBP-Tool besitzt zwar eine offene Schnittstelle, über die verschiedene neutrale Katalogvarianten eingebunden werden können, zuvor müssen diese Kataloge aber generiert und in ein Datenbanksystem integriert werden. Die Kataloge können entweder durch das Unternehmen selbst oder durch Lieferanten erstellt werden. Dabei muss eine mit dem ERP-System und der Materialgruppenklassifizierung der Lieferanten und des eigenen Unternehmens übereinstimmende Gruppierung der zu beschaffenden Produkte vorgenommen werden. Diese Gruppierung ermöglicht erst die effiziente Nutzung der Kataloge, da bei 10.000 oder mehr Produkten die schnelle Navigation entscheidend ist. Als wesentliches Kriterium für die technische Realisierung von E-Commerce gilt es, offene internetbasierte IT-Systeme zu implementieren, um den verschiedenen, heute noch nicht absehbaren, Standards und Protokollen Rechnung zu tragen.

8. Standardinstrumente für die tägliche Einkaufspraxis

Ausschreibungen und Rahmenverträge mit Lieferanten bilden das Grundwerkzeug des Einkäufers zur Realisierung von Einsparungen. Obwohl diese Instrumente in der täglichen Praxis eingesetzt werden, kommt es zu zahlreichen operativen Schwierigkeiten in der Durchführung, da entscheidende Aspekte nicht beachtet werden. Im Folgenden werden daher detailliert der Aufbau und die Inhaltspunkte von Ausschreibung und Rahmenvertrag beschrieben.

8.1 Ausschreibung

Die Ausschreibung gilt nach wie vor als das konventionellste Werkzeug zur Einholung erster Angebote. In der Praxis verfügen die meisten Ausschreibungen über Mängel und Fehler, da sie die Beschaffungsobjekte meist nur unzureichend spezifizieren. Daraus resultieren oft enorme Preisschwankungen bei den Angeboten, da potenzielle Lieferanten abweichende Qualitäten, Abmessungen oder Garantien zugrunde gelegt haben. Eine dezidierte Vergleichsbasis liegt somit nicht vor; erst durch aufwändige Nacharbeiten lässt sich die erforderliche Transparenz herstellen. Aus diesem Grund gilt es, Ausschreibungen detailliert vorzubereiten, damit die erforderliche Klarheit bei Lieferanten besteht. Folgende Punkte sollten Bestandteile jeder Ausschreibungsunterlage sein:

1. Lieferantenselbstauskunft
2. Artikelnummer
3. Artikelkurzbezeichnung
4. Planmenge
5. Bedarfszeitraum
6. Technische Zeichnung
7. Produktabbildung
8. Artikelmuster
9. Art der Anlieferung
10. Zeitfenster zur Anlieferung
11. Art der Verpackung
12. Verpackungseinheit
13. Technische Spezifikationen
14. Artikelpreis

15. Zahlungskonditionen
16. Lieferkonditionen
17. Boni

Praxisbeispiel EnBW:

Der Energiekonzern EnBW verfolgte im Rahmen eines Kostensenkungsprogrammes das Ziel, Einsparungen von 1 Mrd. Euro zu erzielen. Die konsequente Neuausschreibung von Verträgen leistete dabei einen maßgeblichen Beitrag. Allein im Geschäftsjahr 2005 konnte eine Kostensenkung von 850 Mio. Euro gegenüber 2003 realisiert werden und damit das Ziel von 700 Mio. Euro signifikant übertroffen werden.

8.2 Rahmenvertrag

Ein Rahmenvertrag ist grundsätzlich eine einheitlich formulierte Vereinbarung zwischen juristischen oder natürlichen Personen. Diese kann z. B. eine Zusammenarbeit zwischen Verkäufer und Käufer betreffen. Üblicherweise werden Rahmenverträge geschlossen, um zwar grundsätzliche Aspekte der Zusammenarbeit zu regeln, jedoch weiterhin Freiraum für konkrete Einzelfälle zu behalten.

Für Käufer haben Rahmenverträge den Vorteil, dass durch die Abnahme größerer Mengen Preisvorteile erzielt werden und die Produkte einfach abgerufen werden können. Dem Verkäufer bieten Rahmenverträge Sicherheit beim Absatz. Die mit einem Rahmenvertrag verbundene Standardisierung der Bestellprozesse leistet einen deutlichen Beitrag zur Senkung der Beschaffungskosten. Die bedeutendsten Bestandteile eines Rahmenvertrags sind:

- Allgemeines
  - Vertragspartner
  - Rechtsstellung der Partner
  - Erläuterung der Aufgabenfelder der Partner
  - Vertragstyp
  - Vertragsgegenstand
  - Anwendbares Recht
- Fristen und Termine
  - Vertragslaufzeit
  - Vereinbarte Fristen
  - Fristen für die Belieferung mit Ersatzteilen

- Produktkomponenten und Leistungsumfang
  - Abgrenzung der Leistung
  - Definition der Leistungserbringung und des Leistungsumfangs
  - Regelungen über Verpackung und Entsorgung
- Lieferung
  - Lieferbedingungen
- Preise und Konditionen
  - Preise, Kondition und Zahlungsmodalitäten
  - Preisgleitklauseln
- Haftung und Geheimhaltung
  - Haftung, Gewährleistung und Gewährleistungsumfang
  - Klauseln bei Nichterfüllung
  - Schadensersatz, Wandlung und Minderung
  - Erweiterte Produkthaftung
  - Geheimhaltungspflicht
  - Exklusivität, Ausschließlichkeitsvereinbarung
  - Absicherung der wirtschaftlichen und technischen Zuverlässigkeit
  - Schutzrechte, Patentschutz
- Regelungen zum Nachkauf
  - Nachkaufservices
  - Möglichkeiten der Absicherung bei Insolvenz
- Absprache über Strafen
  - Auflisten der Risikoelemente
  - Wettbewerbsrechtliche Regelungen
  - Vertragsstrafen, Konventionalstrafen
  - Vertragsende
  - Konditionen für eine Vertragsverlängerung
- Gerichtsstand
- Sonstiges
  - Salvatorische Klausel
  - Vertragsabwicklung
  - Reaktion auf Marktveränderungen
  - Vorgehen in Streitfällen

9. Einsparungen durch Volumenerhöhung

Die Menge machts. Es ist eine Binsenweisheit, dass eine Zunahme der Abnahmemenge mit Senkungen der Stückpreise einhergeht. Die Erklärung dieses Phänomens erfordert jedoch theoretisches Hintergrundwissen. Im Folgenden wird daher der Erfahrungskurveneffekt erläutert. Ferner wird im Rahmen des Verbundeinkaufs eine Möglichkeit gezeigt, wie sich Abnahmemengen zur Erzielung von Preisvorteilen steigern lassen.

9.1 Erfahrungskurveneffekt

Die konkreten Aussagen der Erfahrungskurve („experience curve“) beruhen auf empirischen Untersuchungen, die von der Unternehmensberatung Boston Consulting Group in den 60er Jahren durchgeführt wurden. Die Kernaussage der Erfahrungskurve ist: Mit jeder Verdoppelung der kumulierten Produktionsmenge entsteht ein Kostensenkungspotenzial von 20 bis 30 Prozent für die auf die Wertschöpfung bezogenen realen Stückkosten eines Produktes.

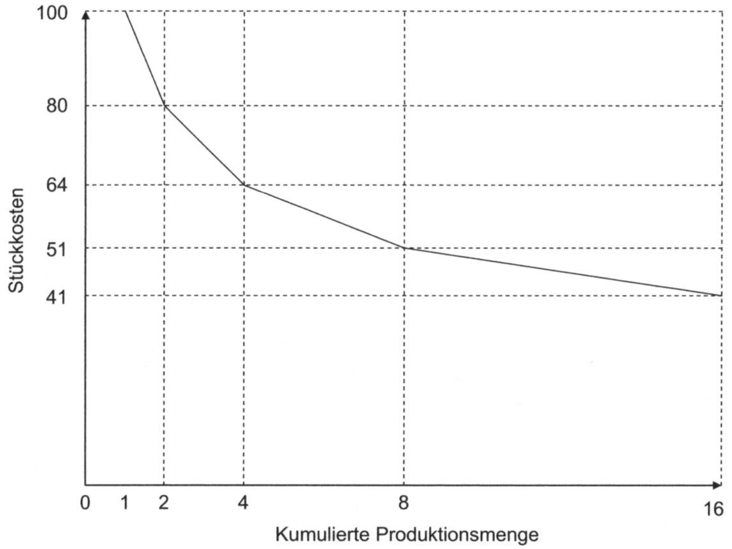

Abbildung 28: *Erfahrungskurveneffekt*

Der Erfahrungskurveneffekt dient bei Lieferantenverhandlungen in erster Linie dazu, den Lieferanten nach einer Erstbelieferung in der Folgeperiode zu Preiszugeständnissen zu bewegen. Kostenrückgänge, die durch Folgeaufträge oder eine Erhöhung der Produktionsmenge bedingt sind, können somit an den Kunden weitergegeben werden.

Die Erhöhung des Kostensenkungspotenzials beruht dabei auf folgenden Ursachen:

- Lernkurveneffekt: Durch wiederkehrende Tätigkeiten kommt es zu Produktivitätserhöhungen.
- Fortschritt in Technologie und betrieblichen Prozessen: Der Einsatz neuer Fertigungstechnologien und ein höherer Automatisierungsgrad führen zu höherer Effizienz, geringeren Ausschussraten und kostengünstigeren Fertigungsverfahren durch Rationalisierung.
- Fixkostendegression: Mit steigender Ausbringungsmenge verteilen sich die Fixkosten auf immer mehr Produkte. Dadurch weisen die fixen Stückkosten und damit auch die gesamte Stückkostenfunktion einen fallenden Verlauf auf.
- Bessere Auslastung der Betriebsanlagen
- Betriebsgrößenvorteile: Diese schlagen sich maßgeblich in Beschaffungsvorteilen durch Erzielung einer höheren Einkaufsmacht nieder.

9.2 Verbundeinkauf

Volumenbündelungen mit externen Partnern gehören zu den potenzialträchtigsten Maßnahmen, um die Nachfragemacht gegenüber potenziellen Lieferanten zu erhöhen. Durch die unternehmensübergreifende Aggregation von Einkaufsvolumina wird bei entsprechenden Mengen aus Lieferantensicht eine strategische Kundenposition aufgebaut; Kostendegressions- und Erfahrungskurveneffekte können direkt an den Kunden weitergereicht werden, wodurch in Verbindung mit der gestärkten Verhandlungsposition bis zu 40 Prozent an Einsparpotenzial generiert werden kann.

Der Begriff „Pooled Purchasing“ umfasst alle Ausgestaltungen einer Beschaffungskooperation. Das Ziel der Beschaffungskooperation besteht zum einen in der Wettbewerbsbeschränkung und zum anderen in der Verbesserung der wirtschaftlichen Verhältnisse und Wettbewerbsfähigkeit strukturell benachteiligter Unternehmen. Die Kooperationsmöglichkeiten, die auf dem Ziel der Beschaffungskartellbildung oder auf kartellähnlichen Maßnahmen beruhen, können nach dem Organisationsgrad folgende Ausprägungen annehmen:

- Einkaufsabsprachen z. B. räumliche/sachliche/zeitliche Aufteilung des Beschaffungsmarktes, Drosselung der Nachfrage, Absprachen über Nebenleistungen, gegenseitige Marktinformation, Bezugsbindung

- gemeinsame Institutionen z. B. mit oder ohne Gründung eines gemeinsamen Unternehmens, mit oder ohne Material-Abnahmeverpflichtung der integrierten Unternehmen, mit oder ohne gegenseitiger Kapitalbeteiligung. Die konkreten Vorteile der Beschaffungskooperation sind unter anderem: günstigere Beschaffungspreise/Konditionen durch Bündelung, Nutzung des kollektiven Beschaffungs-Know-hows mehrerer Unternehmen, Produktstandardisierung, Durchsetzung von Normen, Vermeidung von Mindermengenzuschlägen, Implementierung eines gemeinsamen Logistikkonzeptes, geringere Kosten für Marktforschung/-erschließung/-bearbeitung und eine höhere Benchmarkingmöglichkeit.

Grundsätzlich wirken die vielfältigen Vorteile in zweifacher Richtung. Zunächst führt der Ausbau der Einkaufsmacht zu einer verbesserten Kostensituation und damit zu einer besseren Position gegenüber den Wettbewerbern auf der gleichen Marktseite. Andererseits verbessert die Beschaffungskooperation mittels Volumenbündelung die Position gegenüber der Lieferantenseite, deren Handlungsspielraum durch die Konzentration der Nachfrage eingeengt wird. Bei den Nachteilen ist der Verlust von Einkaufs-Know-how und des direkten Kontaktes mit den Lieferanten zu nennen sowie die Offenlegung von Unternehmensgeheimnissen. Der Kern der Beschaffungskooperation ist das Kooperationsmanagement. Dieses lässt sich in drei Phasen untergliedern und stellt die Grundlage für eine gelungene Realisierung der gemeinsamen Beschaffung dar. In der ersten Phase des Kooperationsmanagements werden geeignete Kooperationspartner identifiziert sowie selektiert und die Ziele der Zusammenarbeit definiert. Während der zweiten Phase wird die Ablauf- und Aufbauorganisation implementiert. Um den Aufgabenumfang übersichtlicher zu gestalten, wird zunächst das Gesamtprojekt in Pakete untergliedert, die sich an den Warengruppen orientieren. Dabei werden die sieben Teilschritte „Bestimmung eines Koordinators“, „Festlegung von Warengruppen“, „Erstellung von Ausschreibungsunterlagen“, „Durchführung der gemeinsamen Ausschreibung“, „Auswertung der Ergebnisse“, „Verhandlung mit Lieferanten“ und „Rahmenvertragsabschluss“ unterschieden. In der letzten Phase sind die Einsparungen der Kooperation gegenüber einem individuellen Auftritt auf dem Beschaffungsmarkt nachgewiesen werden.

Zusammengefasst ist die erfolgreiche Zusammenarbeit in einem Einkaufsverbund an folgende Voraussetzungen gebunden:

- Gleichartiges Bedarfs- oder Lieferantenportfolio
- Bereitschaft zu gemeinsamen Standards
- Flexible Einkaufskoordination
- Zentrale Koordination und Abwicklung

Abschließend sei auf einige internationale Synonyme hingewiesen, die für den Begriff Beschaffungskooperation existieren:

- „Cooperative Purchasing“ steht für Einkaufskooperationen im öffentlichen Sektor, wie z. B. dem Gesundheitswesen oder dem Verteidungsbereich. Die Zusammenarbeit ist sehr eng, wobei meist eigene Einrichtungen zur Übernahme der strategischen Beschaffung initiiert werden.

- „Consortium Purchasing“ umschreibt die Zusammenarbeit von Industrieunternehmen, die lediglich im Einkauf kooperieren, jedoch unabhängig bleiben. Die Betriebe können direkte Wettbewerber sein – zumeist agieren sie aber auf unterschiedlichen Absatzmärkten. Die konkrete Realisierung der Kooperation erstreckt sich vom einfachen Informationsaustausch bis zur Gründung einer eigenständigen Gesellschaft.
- „Group Purchasing“ ist die Kooperation von selbstständigen Tochtergesellschaften eines Konzerns. Dabei werden die Vorteile der zentralen Volumenbündelung mit der dezentralen Disposition und Bestellabwicklung kombiniert.

9.3 Einkaufskooperationen in der Praxis

Praxisbeispiel: Spielwarenunternehmen

Die deutsche Spielwarenindustrie ist bereits seit einigen Jahren mit drastischen Umsatzeinbrüchen konfrontiert. Ausschlaggebend hierfür sind die Konsumzurückhaltung, rückgängige Geburtenraten sowie der Ersatz materieller Spielwaren durch virtuelle Spiele. Der deutsche Markt wird insbesondere von asiatischen Spielwaren mit Dumpingpreisen bedroht.

Das Beispielunternehmen erzielte aufgrund dieses widrigen Umfeldes in den Jahren 2001 und 2002 erstmals in der Unternehmensgeschichte einen Verlust. Mit einschneidenden Kostensenkungsmaßnahmen im Personalbereich sowie Änderungen in der Organisationsstruktur gelang im Jahr 2003 der Turnaround. Bereits im Folgejahr trat jedoch wieder ein Rückgang des Ergebnisses ein. Aus diesem Grund sollten die Kosten weiter gesenkt werden, jedoch ohne Leistungseinbußen. Deshalb fokussierte sich das Kostensenkungsprogramm ausschließlich auf die Materialkosten. Hierbei gilt anzumerken, dass die Einsparpotenziale bereits weitgehend ausgeschöpft waren. Vor diesem Hintergrund beschloss die Unternehmensleitung, den Einkauf mit Kooperationspartnern zu bündeln und durch die gestiegene Einkaufsmacht die Materialkosten zu senken. Rund 70 Prozent des Einkaufsvolumens entfielen auf die Materialgruppen Kunststoffe, Kartonagen und Packmittel. Einschlägige Recherchen ergaben, dass sich bei benachbarten Unternehmen der Konsumgüter- und Pharmaindustrie Überschneidungen bei den Vorprodukten ergaben. Weitere Übereinstimmungen konnten bei Lieferanten des Unternehmens identifiziert werden. Die Umsetzung der Kooperation erfolgte in einer Pilot- und Routinephase. In einem ersten Schritt etablierte man Projektteams mit Mitgliedern aus beiden Unternehmen ein. Dafür wurden bei den Verbundpartnern Stabsstellen eingerichtet, die gemeinsam verhandelbare Bedarfe eruierten und eine abgestimmte Beschaffungsstrategie erarbeiteten. In regelmäßigen Meetings wurden von den teilnehmenden Betrieben einheitliche Produkt- und Leistungsstandards sowie gemeinsame Logistikkonzepte ausgearbeitet. Daraufhin identifizierten die Projektteams Bedarfsüberschneidungen, da die Volumenerhöhung auf dem Beschaffungsmarkt gleichartige Beschaffungsobjekte erfordert. Das Beschaffungsteam analysierte somit die Beschaffungsvolumina der Kooperationspartner auf Gleich- oder Ähnlichteile in den Materialgruppen Kunststoffe, Kartonagen und Packmittel. Schließlich galt es, Materialien durch Standardisierung und Harmonisierung zu definieren. In der Ausgangssituation lagen nur wenige identische und somit bündelbare Produkte vor. Ziel war es somit, die Variantenvielfalt bei den Kooperationsunternehmen durch Wertanalyse-Projekte zu reduzieren. Die Umsetzung wurde zunächst anhand von zwei Pilotprojekten mit eindeutigen Verantwortlichkeiten und einem anspruchsvollen Einsparziel getestet. Mittels gemeinsamer Ausschreibungen, Vereinfachung von Varianten und weiteren Maßnahmen konnten Einsparungen bis zu 35 Prozent realisiert werden. In den Einkaufsrichtlinien wurde festgestellt, dass Materialgruppen mit einem allianzfähigen Beschaffungsanteil über 40 Prozent den Verbundeinkauf zu integrieren haben. Dieser besaß Mitspracherechte bei den entsprechenden Volumina. Im Rahmen regelmäßiger Meetings war zudem die Geschäftsführung aktiv beteiligt. Die Institutionalisierung der Prozesse erzielte nach einer Anlaufzeit von 3 Monaten die geplanten Ergebnisse. Das verbundfähige Einkaufsvolumen wurde kontinuierlich ausgebaut. Ferner erkannte die Einkaufsabteilung rasch weiteres Potenzial durch Bündelung. Das Spielwarenunternehmen konnte binnen eines Jahres die Materialkosten allein durch Bündelungseffekte um 7 Prozent senken.

Weitere Praxisbeispiele:

Hochtief:

Ziel von Hochtief ist es, die konzernübergreifende Zusammenarbeit im Beschaffungsprozess auch künftig weiter auszubauen. So sollen die Netzwerke zu den einzelnen Warengruppen weiter verknüpft werden, um die internationalen Kooperationen beim Einkauf noch besser zu steuern.

Daimler-Chrysler:

Mit dem Ziel der konzernweiten Bündelung wurde bei DaimlerChrysler das Material Strategy and Innovation Council (MSIC) gegründet, das die weltweiten Aktivitäten der Automobilgeschäftsfelder in den Bereichen Entwicklung, Beschaffung, Kostenanalyse sowie Forschung und Technologie koordiniert. Mit Hilfe des MSIC konnten bereits zahlreiche Möglichkeiten für Kosteneinsparungen und Innovationen identifiziert werden.

Continental AG:

Der Zulieferkonzern Continental AG hat im Jahr 2005 den Einkauf seiner Tochtergesellschaft Phoenix umstrukturiert. Dabei wurde unter anderem das Einkaufsverhandlungsmandat für synergetische Materialien bei der Continental AG zentralisiert. Durch diese Bündelung der Einkaufsaktivitäten gemeinsam mit den Reifen-Divisionen konnten bereits im ersten Jahr nach der Eingliederung der Phoenix in den Continental-Konzern Einsparungen in Millionenhöhe realisiert werden.

Fresenius Medical Care:

Fresenius Medical Care hat im Jahr 2005 mit dem Erwerb der amerikanischen Renal Care die größte Akquisition in seiner Geschichte getätigt. Während Fresenius Medical Care als integrierter Anbieter die gesamte Wertschöpfungskette nutzt, ist Renal Care ein Anbieter von Dialysedienstleistungen ohne eigenes Produktgeschäft. Dies eröffnet Fresenius Medical Care weitere Wachstumschancen bei Geräten und Verbrauchsmaterial. Durch größere Volumina beim Einkauf sind günstigere Konditionen erzielbar. Inklusive der Einsparungen aus dem Verwaltungsbereich können künftig Synergien in erheblicher Höhe erzielt werden.

10. Methoden zur ganzheitlichen Kostenermittlung

Bei der Beschaffung eines Produktes sind neben dem Einstandspreis die Folgekosten des gesamten Produktlebenszyklus zu kalkulieren. In der Praxis wird diese Weitsicht zumeist nicht praktiziert. Daraus resultieren Folgekosten, mit denen nicht gerechnet wurde. Folgendes Kapitel beschreibt daher zunächst den Produktlebenszyklus sowie das Konzept der Gesamtkostenbetrachtung.

10.1 Produktlebenszyklus-Analyse

Die Produktlebenszyklus-Analyse beruht auf der Annahme, dass die Wettbewerbsverhältnisse und das Marktwachstum je Produkt einem zyklischen Verhalten unterliegen. Da die verschiedenen Abschnitte der Zyklen unterschiedliche Konsequenzen für den Absatz von Produkten haben, untersucht das Material-Management auch die Auswirkungen auf die Beschaffung der relevanten Einsatzmaterialien. Der Vorteil dieses Vorgehens liegt in der Differenzierung weiterer Maßnahmen in der Materialwirtschaft und damit im effektiveren Management. So werden z. B. aufwendige ABC-, Portfolio- und Wertanalysen nur bei Materialien durchgeführt, die auch auf absehbare Zeit noch für das Produktionsprogramm benötigt werden.

Weitgehend unberücksichtigt blieb bisher der Einfluss des Produktlebenszyklus der Beschaffungsgüter, also der Absatzprodukte der Zulieferunternehmen, für die Planung des eigenen Beschaffungsprogrammes. Informationen über den Status eines Beschaffungsgutes sind gerade unter dem Gesichtspunkt einer Single Sourcing-Strategie oder einer langfristigen Kooperation, verbunden mit einer aktiven Lieferantenförderung, von großer Bedeutung. Der für die Betrachtung dieser Problematik zugrunde liegende integrierte Produktlebenszyklus beinhaltet folgende Phasen:

- Beobachtung (wissenschaftlich-technologisches Umfeld),
- Produktentstehung (Problemlösungsalternativensuche, -bewertung, und -auswahl, Forschung, Entwicklung/Versuch, Prototypenbau und Produktions-/Absatzvorbereitung) und
- Marktzyklus (Markteinführung, -durchdringung, -sättigung und -degeneration).

Bereits in der Beobachtungsphase muss der Beschaffungsmarkt durch die Beschaffungsmarktforschung systematisch überwacht werden. Die Produktentstehungsphase sollte durch die Beschaffung aktiv beeinflusst werden. Möglichkeiten der Einflussnahme auf die Lieferanten bestehen im Advanced Purchasing, Target Costing oder der Lieferantenförderung. Besondere Beachtung muss dabei einer marktgerechten Produktentwicklung und einer späteren Versorgungssicherheit geschenkt werden. Die Verträge mit Lieferanten sollten hinsichtlich

Abnahmemengen und Qualitätsanforderungen flexibel gestaltet werden, um die nachfolgende Marktphase zu berücksichtigen. Während der Marktphase kann das Produkt auf dem Markt erworben werden. In den ersten beiden Unterphasen, der Markteinführung und –durchdringung, steigen die Bedarfsmengen schnell an. Durch langfristige Verträge können Versorgungsstörungen vermieden werden. Andererseits sollten alternative Beschaffungsquellen aufgebaut werden, um eine Monopolstellung und Kapazitätsrestriktionen zu verhindern. Während der Marktsättigung kommt es für das Material-Management vorrangig darauf an, die Total Cost of Ownership, die im nächsten Abschnitt eingehend erläutert werden, zu optimieren, da mit quantitativen Versorgungsproblemen nicht mehr zu rechnen ist. In der Marktdegenerationsphase eines Lieferantenproduktes muss die Beschaffung bereits frühzeitig qualitative und mengenmäßige Alternativen zur Verfügung haben und diese langsam ins Beschaffungsprogramm aufnehmen. In dieser Phase erst mit der Produktsubstitution zu beginnen, würde zu Versorgungsschwierigkeiten und Kostenproblemen führen. Zusätzlich sollten vorhandene Lagerbestände der Altprodukte abgebaut werden.

10.2 Gesamtkostenbetrachtung (Total Cost of Ownership)

Das Konzept der Gesamtkostenbetrachtung unterstützt Unternehmen dabei, alle Kosten von Investitionsgütern abzuschätzen und entstand auf der Beobachtung von IT-Prozessen und wurde insbesondere auf Investitionsgüter ausgedehnt. Ziel der Gesamtkostenbetrachtung ist eine detaillierte Abrechnung sowohl der Anschaffungskosten als auch aller Aspekte der späteren Nutzung. Dadurch können bekannte Kostentreiber oder auch versteckte Kosten bereits im Vorfeld einer Investitionsentscheidung identifiziert werden. Ausgangsbasis für das weitere Verständnis der Gesamtkostenbetrachtung ist die Unterscheidung zwischen direkten und indirekten Kosten, dargestellt am Beispiel von IT-Kosten:

Direkte Kosten

Direkte Kosten werden nicht in Kostenstellen, wie zum Beispiel Kosten eines IT-Mitarbeiters, sondern in Prozesse untergliedert, deren Kosten grundsätzlich durch Umlage anderer Kostenstellen ermitteln werden. In der Praxis fallen diese Kosten beim Einkauf und der Wartung von IT-Gegenständen an. Betriebswirtschaftlich sind direkte Kosten durch ihre Budgetierbarkeit gekennzeichnet. Somit ist ein nachhaltiger Effekt dieser Kosten auf den betrieblichen Erfolg grundsätzlich gegeben.

Direkte Kosten am Beispiel eines Arbeitsplatzrechners sind:

- Anschaffungskosten für Hard- und Software, z. B. Abschreibungen oder Leasingraten

- Kosten aus Wartungsverträgen mit Herstellern oder Dienstleistern
- Kosten für IT-Infrastruktur (Netzwerke, Server)

  Operation Costs: Darunter fallen alle Prozesse aus dem Bereich Verwaltung und Support. Verwaltungskosten sind dabei Administrationsaufwendungen (z. B. Asset-Management, Ausarbeitung von Verträgen oder Koordination von Trainingsmaßnahmen für IT-Personal sowie Endanwender).

Indirekte Kosten

Oftmals werden kalkulatorische Anteile für Miete, Energiekosten und Nebenkosten vergleichbarer Art nicht in die Kalkulation einbezogen. Das entscheidende Defizit des TCO-Modells aber ist, dass es keinerlei Ansätze liefert, inwiefern eine Verbesserung der TCO, vor allem im Bereich der indirekten Kosten, tatsächlich erfolgswirksam für das Unternehmen sein kann. Vom finanzwirtschaftlichen Standpunkt aus müsste sich nun auf verschiedene Kostenstellen verteilt, in der Summe jedoch immer für den Cash-Flow, ein positiver Effekt um genau diesen Betrag ergeben. In der Praxis wird dieser Betrag jedoch in niedrigerem Maße den Cash-Flow berühren als in der TCO-Berechnung veranschlagt. Ursache dafür ist unter anderem die unterschiedlich hohe Bedeutung des Arbeitsplatzrechners bzw. eines anderen IT-Vermögensgegenstandes für die Wertschöpfung des Unternehmens. Außerdem unterscheiden sich Endanwenderoperationen auch innerhalb einer IT-Organisation. Dies ist allein dadurch begründet, dass jeder Mitarbeiter über unterschiedlich hohe IT-Kenntnisse verfügt bzw. es mehr oder weniger effizient vermag, mit Hard- und Software umzugehen.

Die TCO-Betrachtung bietet zahlreiche Vorteile: Beispielsweise werden Entscheidungsträger auf die nicht budgetierbaren Kosten aufmerksam gemacht. Dadurch werden Infrastruktur-Landschaften so geplant und betrieben, dass sie einfacher wartbar, besser bedienbar und zuverlässiger sind. Ferner kann die TCO-Betrachtung Anhaltspunkte für ein Benchmarking geben. Unternehmen können dadurch ihre Informatikkosten vergleichen und reduzieren.

Allerdings sind auch einige Schwächen des TCO-Konzepts bekannt: TCO fokussiert auf die Kosten und vernachlässigt den Nutzen. Die Überlegung dabei ist, dass die Anforderungen der Organisation einer Branche und deshalb der Nutzen immer etwa ähnlich seien und somit für die Rechnung vernachlässigbar sind. Dies ist in der Theorie umstritten. Wenn Organisationen unterschiedlichen Nutzen aus der Informatik ziehen sollten, so darf TCO nur sehr eingeschränkt für Benchmarkingzwecke verwendet werden. Entscheidend für den erfolgreichen Einsatz der IT ist das Verhältnis von Nutzen zu Kosten – wenn die Informatik mehr bringt, als sie kostet, so ist der Einsatz grundsätzlich erfolgreich. Eine reine Fixierung auf die Kosten greift zu kurz und ist langfristig gefährlich. Ferner ist die Berechnung der TCO komplex und teuer; zudem ist die TCO-Betrachtung anfällig für methodische Fehler, Ungenauigkeiten und Änderungen der Rahmenbedingungen und Annahmen. Die TCO zweier beliebiger Organisationen können nur verglichen werden, wenn die Organisationen aus verwandten Branchen stammen, ähnliche Strukturen und eine ähnliche Größe aufweisen.

11. Organisation und Personal – die Keimzelle des erfolgreichen Beschaffungsmanagements

11.1 Die CM-Organisation

Die konsequente Nutzung von Einsparpotenzialen im Einkauf ist an eine entsprechende Beschaffungsorganisation gebunden. Sowohl bei großen Konzernen als auch im Mittelstand erfolgt gegenwärtig ein Wechsel von der klassischen Einkaufsorganisation zu einer Category-Management-Organisation (CM-Organisation). Diese wird im Folgenden näher erläutert und anhand von Praxisbeispielen dargestellt. Der Begriff „CM-Organisation" umfasst die organisatorische Ausgestaltung für den federführenden Einkauf einer bestimmten Materialgruppe. In der betrieblichen Praxis haben sich dafür auch die Begriffe des Mandats- oder Lead-Buyer-Einkaufs eingebürgert. Ursächlich für die Entstehung der CM-Organisation war die unabgestimmte, dezentrale Vorgehensweise verschiedener Einkäufer der gleichen Materialgruppe. Das wesentliche Ziel des Lead-Buyings ist es, die Kostenposition auf dem Beschaffungsmarkt durch die unternehmensweite Bündelung identischer Materialgruppen zu verbessern. Dies hat eine direkte Kostenreduktion also eine Einkaufspreisreduzierung sowie die indirekte Beschaffungskostenreduzierung durch Bündelung des Beschaffungsprozesses zur Folge.

Mit der Einführung einer Lead-Buyer-Organisation bei Heidelberg Cement wurde beispielsweise der Einkaufsbedarf geschäftsbereichs- und länderübergreifend stärker gebündelt und damit ein hoher Skaleneffekt bei den Kosten erzielt.[22] Auch der Chemikalienproduzent Lanxess verfügt über eine zentral gesteuerte, globale Beschaffungsorganisation. Dabei werden in Abstimmung mit den Geschäftseinheiten die Bedarfe durch globale Beschaffungsteams gebündelt. Zudem ermöglicht ein globales Beschaffungsnetzwerk die effektive Nutzung von Einkaufssynergien.[23]

Bei der Auswahl des künftigen Category-Managers einer bestimmten Materialgruppe lassen sich zwei Vorgehensweisen unterscheiden. Während beim „Heavy-User-Konzept" das Werk bzw. der Einkäufer die Verantwortung für eine Category übernimmt, der den größten Bedarf hat, benennt das „Kompetenz-Konzept" den Category-Manager unter Berücksichtigung des individuellen Erfahrungs- und Wissenshintergrundes. Anhand eines Beispielsunternehmens aus der Pharmaindustrie wird im Folgenden eine moderne Einkaufsorganisation skizziert.

---

22 Vgl. Heidelberg Cement, Geschäftsbericht 2005, S. 44

23 Vgl. Lanxess, Geschäftsbericht 2005, S. 66

Beschreibung der Beschaffungsorganisation

Das mittelständisch geprägte Unternehmen wurde im Jahre 1980 in Süddeutschland gegründet. Der anfängliche Geschäftsgegenstand war der Handel von Spezialpräparaten für Krankenhäuser und Arztpraxen. Im Jahre 1988 baute die Gesellschaft eine eigene Produktion für Feinchemikalien auf. Zwei Jahre später wurde bereits eine zweite Fertigungsstätte in den USA eröffnet. Durch Übernahmen und organisches Wachstum konnte die Firma ein beträchtliches Wachstum erzielen. Rund 25 Jahre nach der Gründung beschäftigt das Unternehmen etwa 800 Mitarbeiter bei einem Jahresumsatz von 250 Mio. Euro. Das Einkaufsvolumen beträgt rund 140 Mio. Euro. Produziert wird an insgesamt sechs Fertigungsstandorten in Deutschland, USA, Polen und Russland.

Der Leiter Konzerneinkauf untersteht und berichtet direkt dem Vorsitzenden der Geschäftsführung. Wie dem Organigramm in Abbildung 29 zu entnehmen ist, ist der Einkauf in die zentralen Bereiche Technik, Rohstoffe, Verpackung und Marketing gegliedert, die jeweils von einem Category-Manager geleitet werden.

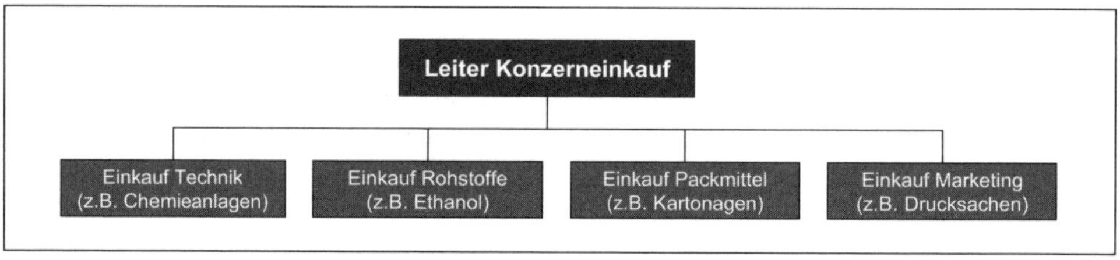

Abbildung 29: *CM-Organisation (Beispiel)*

Aufbauorganisation des Einkaufs

Die Aufbauorganisation des Einkaufs ist durch eine Trennung von marktorientiertem Einkauf und Werkseinkauf gekennzeichnet. Die Aufgaben des marktorientierten Einkaufs sind

- Beschaffungsmarktforschung
- Lieferantenmanagement
- Vereinbarung mittel-/langfristiger Verträge inklusive Rahmenverträge

Der Werkseinkauf zeichnet für folgende Aufgaben verantwortlich:

- Bestellabwicklung und Vertragsumsetzung
- Terminüberwachung und Mängelrügen
- Liefer- und Transportoptimierung
- Dokumentation

11.2 Stellenprofil eines CM-Einkäufers

Die Anforderungen an einen CM-Einkäufer haben sich durch die verstärkte Leistungsorientierung und unternehmerische Mitverantwortung enorm erhöht. Der CM-Einkäufer zeichnet für die Organisation, die Steuerung und das Messen der strategischen Bündelungs- und Einkaufsaktivitäten in einem interdisziplinären Team verantwortlich. Er verfolgt das Ziel, durch übergreifende Bündelung von Volumina und gemeinsame Strategien, beste Konditionen auf einer exzellenten Lieferbasis zu erreichen, um einen optimalen Ergebnisbeitrag für den Konzern zu erzielen.

Daneben sind die Aufgaben eines Einkäufers in der CM-Organisation neben Preisverhandlungen und Vertragsabschlüssen unter Berücksichtigung der Zielpreise die Implementierung der Beschaffungsstrategie sowie die Durchsetzung alternativer Beschaffungsquellen. Ferner gehören das Lieferantenmanagement, die Initiierung von Design-to-Cost-Workshops und die Umsetzung von Kostensenkungsprogrammen zum Tätigkeitsbild. Die Zielsetzung ist die optimale Versorgung und die Erwirtschaftung eines Ergebnisbeitrages unter Berücksichtigung der „Total Cost of Ownership". Auf dem nachfolgenden Chart in den Abbildungen 30 und 31 ist ein detailliertes Anforderungsprofil für einen CM-Einkäufer dargestellt.

Verantwortungsbereiche/Aufgaben
▪ Definition von Beschaffungsstrategien, Abstimmung und Hinterlegung von Category-Dossiers, Planung der zukünftigen Bedarfe aus Projektlisten, um die Versorgung langfristig und kostengünstig sicherzustellen
▪ Vertrags- und Preisverhandlung
▪ Lieferantenauswahl, Lieferantenmanagement, Aufbau von Preferred Suppliern und Herstellung von Versorgungssicherheit zu besten Konditionen hinsichtlich Preis, Qualität und Logistik, optimale Supply-Chain-Gestaltung
▪ Durchsetzung alternativer Beschaffungsquellen für die Category, um die Wiederbeschaffungszeiten, Bestände und Kosten zu minimieren
▪ Optimierung der vorhandenen Einkaufs- und Dispositionsprozesse
▪ Nationale und internationale Marktbeobachtung, um neue Lieferanten, Produktinnovationen, in die Category aufzunehmen
▪ Erstellung von Preisprognosen und internen Kennzahlen, um Basisdaten für die Unternehmensplanung und Berichterstattung zu liefern
▪ Vertragsgestaltung von Rahmen-, Projekt- und Abrufaufträgen
▪ Analyse und Controlling der Vertragsvereinbarungen, um Neu-/Nachverhandlungen vorzubereiten, entsprechende Maßnahmen einzuleiten und die Versorgung zu gewährleisten
▪ Lieferantenmanagement, Bewertung und Entwicklung und Abschluss von Zielvereinbarungen, um die besten Lieferanten zu gewinnen und eine optimale Supply Chain sicherzustellen
▪ Pflege der Einkaufsdatenbanken und der Projektstatusliste sowie Erstellung von Preis- und Angebotsspiegeln

Abbildung 30: *Stellenprofil eines CM-Einkäufers, Teil I*

Ausbildung

- erfolgreich abgeschlossenes Studium der Betriebwirtschaftslehre oder der Ingenieurwissenschaften
- technische Zusatzqualifikation erwünscht

Kenntnisse/Sprachkenntnisse

- technische Produktkenntnisse
- Projekterfahrung (Advanced Level)
- Qualitätswissen
- kaufmännische Kenntnisse
- vertragsrechtliche Kenntnisse (selbstständiges Ausarbeiten von Verträgen, Kenntnis UN-Kaufrecht etc.)
- IT-Tools und Methoden (Office und SAP R/3)
- Prozesskenntnisse
- Verhandlungskompetenz
- Präsentations-/Moderationskompetenz
- Projektmanagement
- verhandlungssichere englische Sprachkenntnisse

Fähigkeiten

- Anpassungsfähigkeit
- ausgeprägte Verhandlungskompetenz, diplomatisches Geschick und Kommunikationsstärke
- Entscheidungsfähigkeit
- Durchsetzungsfähigkeit
- Ergebnisorientierung
- Teamfähigkeit

Abbildung 31: *Stellenprofil eines CM-Einkäufers, Teil II*

11.3 Leistungsbezogene Vergütungsstruktur im Einkauf

Während im Vertrieb eine erfolgsabhängige Vergütung mit umfangreichen variablen Gehaltbestandteilen und Boni selbstverständlich ist, wird die Mehrzahl von Einkäufern ausschließlich mit einem fixen Gehalt vergütet. Die Koppelung der Leistung an variable Gehaltsbestandteile setzt jedoch die entscheidenden Leistungsimpulse. Nicht zuletzt deshalb gehört der Vertrieb zu den beliebtesten Arbeitsstellen, da persönliches Engagement und Erfolg monetär honoriert werden und zu weit überdurchschnittlichen Gehältern führen. Durch eine reine Grundvergütung lassen sich dagegen keine Anreize schaffen. Vielmehr wird bereits die Erfüllung der Vorgaben als Erfolg gewertet. In dieser Konstellation kann der Einkauf keine Attraktivität für die besten und erfolgsorientierten Mitarbeiter entfalten und seiner Funktion als Kostenoptimierer nicht gerecht werden. Aus diesem Grund gilt es, erfolgsabhängige Vergütungsstrukturen auch im Einkauf einzuführen.

Erfolgsabhängige Bestandteile leiten sich zunächst aus den unternehmerischen Zielen ab. Die Leistung des Einkaufs wird vor diesem Hintergrund an der Senkung der Beschaffungskosten gemessen. Dieses Oberziel ist jedoch an zahlreiche Nebenbedingungen mit unternehmens- und branchenspezifischen Abweichungen gebunden. So müssen beispielsweise in der Automobilindustrie stets definierte Qualitäts-, Risiko- und Innovationsstandards des Lieferanten eingehalten werden.

Ein Praxisbeispiel zeigt den Erfolg einer leistungsbezogenen Vergütung im Einkauf eindrucksvoll auf:

Ein europäischer Generikahersteller mit einem Einkaufsvolumen von 100 Mio. Euro verfügte bereits über eine zeitgemäße Einkaufsorganisation mit Lead-Buyer-Konzept, durchgängiger IT-Infrastruktur und globalen Beschaffungsaktivitäten. Dennoch war der Einkauf mit einer hohen Fluktuationsquote sowie einer Erhöhung der Materialkosten konfrontiert. So waren in den letzten drei Jahren die Materialkosten um 5 Prozent angestiegen. In einer Benchmarking-Studie für die Generika-Industrie wurde dagegen festgestellt, dass die branchenbezogenen Materialaufwendungen in den vergangenen drei Jahren um durchschnittlich 1,5 Prozent gesunken waren. Eine Ursache für die schlechte Einkaufsperformance konnte rasch in einem fehlenden Anreizsystem für die Mitarbeiter gefunden werden. Die einzige Zielsetzung der Unternehmens- und Einkaufsleitung bestand in der Beibehaltung des Ausgangszustands. Da in der Vergangenheit keine nennenswerten Schwierigkeiten in den Schnittstellen zu Lieferanten und Produktion auftraten, gab es von Seiten der Einkäufer keinerlei Anreize, Optimierungen vorzunehmen. Vor diesem Hintergrund verließen zahlreiche leistungsorientierte Mitarbeiter im Einkauf das Unternehmen. Im Zuge der Einführung des leistungsorientierten Vergütungsprogramms „Procurement Performance Payment (PPP)" konnten nachhaltige Verbesserungen erzielt werden. Ein Pilotprojekt betraf zunächst sämtliche Lead-Buyer. Die Grundgehälter wurden in einem ersten Schritt aufgrund des hohen Gehaltsniveaus der Lead-Buyer von 45.000 Euro um rund 30 Prozent auf 30.000 Euro abgesenkt. Als Kompensation wurde ein an Einsparungszielen gemessener Bonus eingeführt. Bereits bei einer Einsparung bei der zu verantwortenden Materialgruppe von 1,5 Prozent was einer Kostensenkung von 75.000 Euro entspricht wurde die ursprüngliche Vergütungshöhe wieder erreicht. Wurde ein Einsparziel von 3 Prozent erreicht, betrug der Bonus mit 30.000 Euro sogar 100 Prozent des Grundgehaltes. Gegenüber dem ursprünglichen Gehalt von 45.000 Euro konnte dadurch eine Steigerung von über 30 Prozent erzielt werden. Bereits im ersten Jahr nach der Umsetzung des Vergütungsprogramms konnte der volle Bonus an die Mehrheit der Lead-Buyer ausgeschüttet werden. Aufgrund der ersten Erfolge wurde PPP in der kompletten Einkaufsorganisation eingeführt. Durch diese Maßnahme konnten im dritten Jahr überdurchschnittliche Einsparungen erzielt werden. Zudem gelang es, die Fluktuationsquote im Einkauf deutlich zu senken und neue erfolgsorientierte Leistungsträger für den Einkauf zu gewinnen.

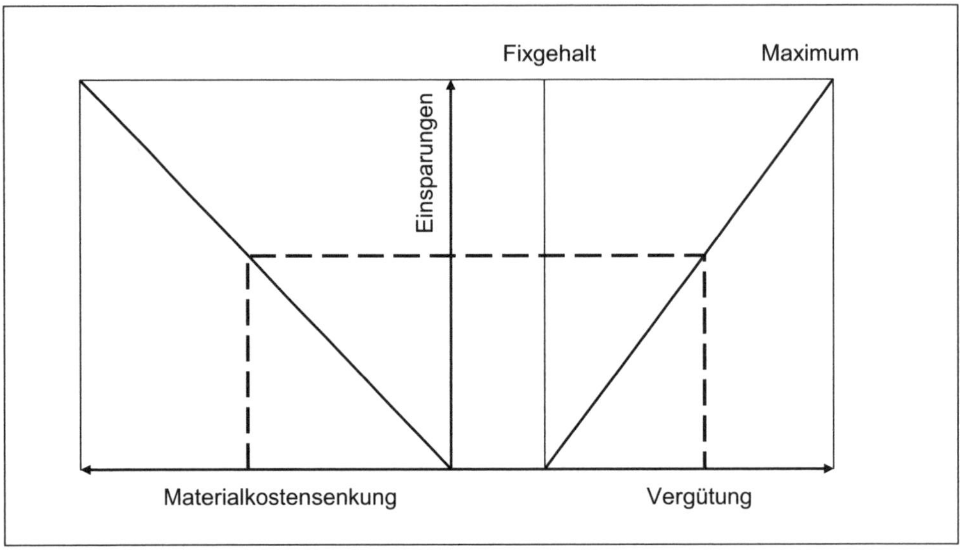

Abbildung 32: *Leistungsabhängiges Vergütungssystem im Einkauf*

Um den Erfolgsbeitrag eindeutig zu quantifizieren, müssen Ziele in Kennzahlen überführt werden. Als wertbezogene Kennzahlen können dabei exemplarisch herangezogen werden:

- Beschaffungsquote: Beschaffungsvolumen/Umsatz
- Lagerquote: durchschnittlicher Lagerbestand/Umsatz
- Einzelpreisveränderung je Artikel
- Preisnachlassquote
- Durchschnittlicher Bestellwert
- Beschaffungsvolumenänderung pro Lieferant oder Materialgruppe

Werden Prozessoptimierungen angestrebt, können prozessbezogene Kennzahlen herangezogen werden, wie zum Beispiel:

- Anzahl der Bestellpositionen je Bestellung
- Kosten pro Bestellung
- Bezugskostenquote
- Rahmenvertragsquote
- Durchlaufzeiten pro Bestellung
- Umschlagsgeschwindigkeit
- Anteil der elektronischen Bestellabwicklung

11.4 Ausblick: Der Einkäufer der Zukunft

Das Bild des Einkäufers hat sich von einer eher passiven Funktion mit stark ausgeprägten kaufmännischen Merkmalen zu einem gestaltenden, technischen Organ geändert. Diese Entwicklung hat weit reichende Konsequenzen für das Stellenprofil des Einkäufers.

Die zeitgemäße Funktion des Einkäufers lässt sich treffend mit der Bezeichnung „Beschaffungsmanager" umschreiben. Der Bestellabwickler, Nachverhandler und Rechnungskontrolleur im Produktbereitstellungsprozess gehört der Vergangenheit an. Im Fokus der Einkaufstätigkeit steht der Produktentstehungsprozess, den es im Rahmen verringerter Wertschöpfungstiefen frühzeitig zu beeinflussen gilt. Der Produktentstehungsprozess ist angesichts des Verhältnisses von Einflussmöglichkeiten und Änderungskosten im Beschaffungsprozess besonders bedeutsam. Ursächlich hierfür ist, dass bereits 70 Prozent der Produktkosten in der Konstruktionsphase fixiert werden. Das Aufgabenbild des Einkäufers wird künftig vor allem strategischer Natur sein. Operative Aufgaben werden dezentral durch optimierte, weitgehend automatisierte Geschäftsprozesse abgewickelt. Technisches Verständnis und kaufmännisches Wissen unterstützen den Einkäufer dabei, Zusammenhänge besser zu analysieren sowie Preise und Verträge vorauszuplanen. Neue Instrumente und Methoden (E-Commerce, Supply Chain Management, Benchmarking, Kosten- und Wertanalyse) umfassen ebenso seinen Tätigkeitsumfang wie die Fähigkeit, Beschaffungsprozesse zu organisieren und zu steuern. Er gestaltet die Beziehungen des Unternehmens zum Beschaffungsmarkt, indem er produktive und für beide Seiten gewinnbringende Geschäftsbeziehungen schafft. Das Ziel ist die Verknüpfung unterschiedlicher Unternehmensfunktionen, um den Bedarf an zu beschaffenden Leistungen kostenoptimal, in der gewünschten Qualität und zum richtigen Zeitpunkt zu befriedigen. Durch die größere Abhängigkeit von externer Wertschöpfung gewinnen die Auswahl, Bewertung und Entwicklung von Lieferanten stark an Bedeutung. Höhere Zukaufanteile erfordern Innovationsleistungen der Lieferanten. Zulieferer mit hoher Innovationskraft zu finden, zu bewerten und zu entwickeln, ist deshalb eine primäre Aufgabe des Beschaffers.

12. Einsparmöglichkeiten durch das Management von Warenströmen

Wie im letzten Abschnitt beschrieben, schließt das Aufgabenbild des Einkäufers zunehmend vor- und nachgelagerte betriebliche Funktionsbereiche ein. Im Rahmen des Bestands- und Logistikmanagements verfügt der Einkauf über weitere beträchtliche Optionen, die Kosten- und Liquiditätsposition des Unternehmens zu verbessern. Im Folgenden werden daher bedeutende Ansätze zu dieser Thematik näher ausgeführt.

12.1 Liquiditätsoptimierung durch Bestandsmanagement

Die Optimierung der Bestände ist ein zentraler Einflussfaktor auf den Unternehmenserfolg. Durch professionelles Bestandsmanagement lassen sich mehrere Vorteile erzielen:

- Geringere Kapitalbindungskosten
- Optimierte Vermögens- und Kapitalstruktur
- Geringere Inanspruchnahme von Kreditlinien
- Geringerer Wertberichtigungsbedarf und Verschrottungsaufwand

In der betrieblichen Praxis wird dem Thema Bestandsmanagement kaum Beachtung geschenkt. Ursächlich hierfür mag eine oftmals fehlende Zuordnung zu einem Funktionsbereich sein. Durch die Bezugspunkte zu Finanzen, Produktion, Logistik und Einkauf ergeben sich unklare Zuständigkeiten. Aufgrund der Nähe zur Beschaffung sollte Bestandsmanagement eindeutig als Aufgabe dem Einkauf zugeordnet sein, der hierdurch ein weiteres Ressort zur Kostenreduzierung übernehmen kann.

Abbildung 33 beschreibt die vermögens-, finanz- und ertragsmäßigen Auswirkungen reduzierter Bestände:

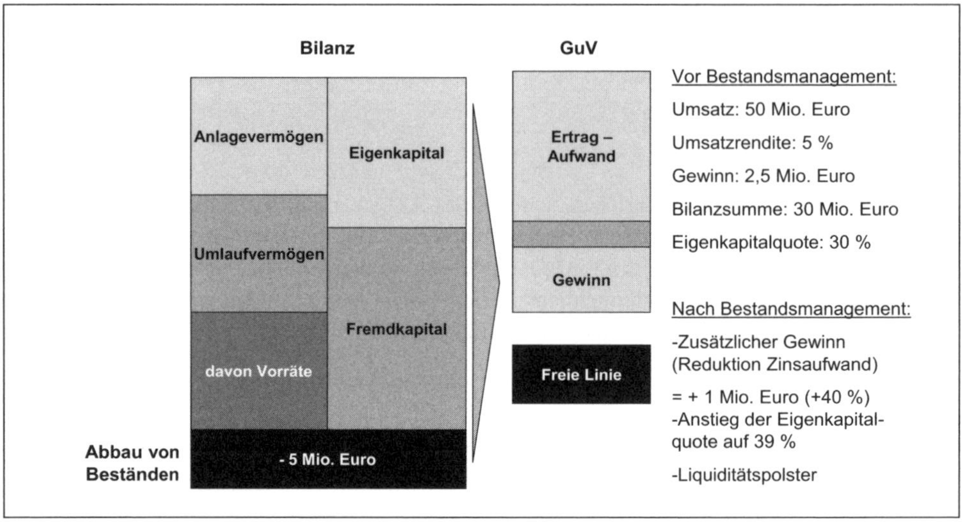

Abbildung 33: *Auswirkungen von Bestandsmanagement*

Projekte zur Optimierung von Beständen scheitern in der Praxis zumeist daran, dass sich die Maßnahmen auf die Folgewirkungen und nicht auf die Ursachen konzentrieren. Gängige Aktionen wie Verschrottung oder Abverkauf sind jedoch unzureichend. Zudem können Erfolge im Bestandsmanagement nur durch eine klare Zielsetzung, konkrete Maßnahmen und eindeutige Konsequenzen erzielt werden. Eine nachhaltige Verbesserung der Bestände muss daher an folgenden Stellhebeln ansetzen:

- Reduzierung der Varianten- und Teilevielfalt mittels Normung und Typung
- (kurzfristig) oder durch normierte Vertriebspolitik (langfristig),
- Investition in die Flexibilität der technischen Kapazitäten und des Personals,
- Einsatz der Wertanalyse zur Kostensenkung der Beschaffungsobjekte,
- Verbesserung der Ersatzteilstrategie durch logistische Konzeptionen oder der
- Vermeidung von Doppellagerung,
- ausschließliche Einführung ausgereifter Produkte in das Produktionsprogramm,
- Verkürzung der Dispositionszyklen und damit Abbau von Sicherheitsbeständen, Reduzierung des Änderungsrisikos, Verbesserung der Reaktionszeit mittels leistungsfähiger ERP-Systeme,
- Verkürzung der Liege- und Rüstzeiten im Prozess durch exaktere Produktionsplanung und rüstfreundliche Werkzeuge und Maschinen,
- Abbau von ungeplanten „wilden" Lagern im Produktionsbereich und Reduzierung der Werkstattpuffer,
- geografische Segmentierung der Bestände für Fertigwaren und Ersatzteile.

Der Lagerhaltungskostensatz lässt sich nach Bestimmung des Lagerbestands (A u. B) anhand von folgenden Formeln ermitteln:

A. Lagerbestand bei regelmäßigem Verbrauch:

$$\frac{\text{Jahresanfangsbestand} + \text{Jahresendbestand}}{2}$$

B. Lagerbestand bei unregelmäßigem Verbrauch:

$$\frac{\text{Jahresanfangsbestand} + \text{12 Monatsendbestände}}{13}$$

Bestimmung des Lagerkostensatzes:

$$\frac{\text{Lagerkosten p. a.} \times 100}{\text{Durchschnittlicher Lagerbestand p. a.}}$$

Formel 1: *Lagerbestand und Lagerkostensatz*

Bei der Ermittlung des Lagerhaltungskostensatzes wird dem Lagerkostensatz der Kapitalbindungskostensatz hinzugefügt. Der Kapitalbindungskostensatz als Ausdruck der Verzinsung des in den Beständen gebundenen Kapitals lehnt sich in der Regel an bankenübliche Zinssätze an. Betragen beispielsweise der Lagerkostensatz 10 Prozent und der Kapitalbindungskostensatz 5 Prozent so beträgt der Lagerhaltungskostensatz 15 Prozent. Bei Vorliegen des Lagerhaltungskostensatzes kann im zweiten Schritt die wirtschaftliche Losgrößenberechnung gemäß der Andlerschen Formel durchgeführt werden:

$$\text{Optimale Bestellmenge} = \sqrt{\frac{200 \times \text{Jahresbedarf} \times \text{Bestellabwicklungskosten}}{\text{Einstandspreis} \times \text{Lagerhaltungskostensatz}}}$$

Formel 2: *Andlersche Formel*

Die Formel optimiert Bestell-, Material- und Lagerhaltungskosten, wie aus Abbildung 35 hervorgeht.

Die Berechnung setzt voraus, dass der Verbrauch keinen Schwankungen unterliegt und Lagerhaltungskosten sowie Einstandspreise konstant bleiben. Dies ist jedoch kein Abbild der Realität. Dennoch erweist es sich als sehr hilfreich, die Bestellfrequenzen einiger Materialien zu analysieren; besonders bei C-Teilen gelangt man häufig zu dem Ergebnis, dass diese viel zu häufig bestellt wurden. Der Einkäufer hat mit diesen Berechnungen ein Instrument zur Verfügung, um Optimierungsmaßnahmen rechnerisch herzuleiten und sie in Einkaufsverhandlungen erfolgswirksam einzubringen.

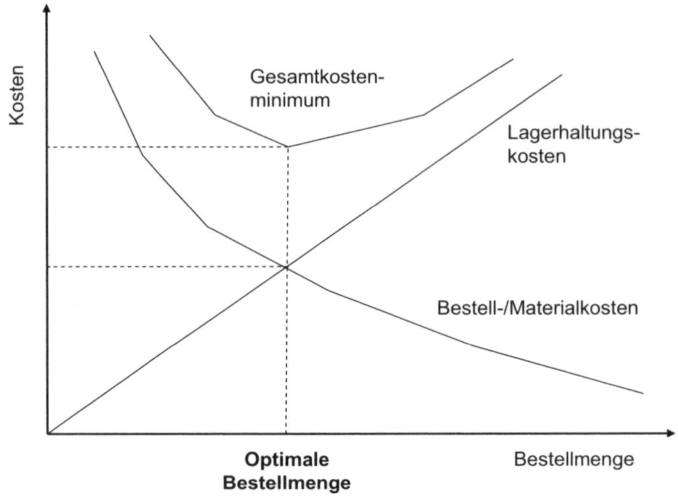

Abbildung 34: *Ermittlung der optimalen Bestellmenge*

Praxisbeispiel Klöckner & Co:

In der Stahl- und Metalldistribution ist das Bestandsmanagement eine der wesentlichen Determinanten für den Cashflow und die Profitabilität; je kürzer der Zeitraum zwischen Beschaffung und Absatz ist, desto weniger Kapital ist im Bestand gebunden und desto schneller lassen sich Gewinne realisieren. Die Gesellschaften der Klöckner & Co.[24] Gruppe halten ihre Warenbestände in einem Netzwerk von Distributionszentren, die als Zentral-, Regional- oder Schwerpunktlager geführt werden. Der strukturelle Aufbau der Lagerstätten wird von der regionalen und örtlichen Nachfrage bestimmt. Der Bestand aller Standorte wird regelmäßig überprüft, um eine optimale Lagerumschlagsgeschwindigkeit zu gewährleisten, so genannte ,,Langsamdreher" zu identifizieren und gegebenfalls aus dem Sortiment zu eliminieren, soweit eine Optimierung in Form von Schwerpunktlagerung nicht möglich ist. Die Gesellschaft ist der Auffassung, dass ihre langjährigen Geschäftsbeziehungen mit Lieferanten und Kunden eine gute Grundlage für eine verlässliche Prognose des zukünftigen Bedarfs darstellen. Dadurch wird eine hohe Umschlagsgeschwindigkeit der gelagerten Produkte erreicht, was wiederum zu einer kosteneffizienten Betriebsführung im Bereich der Lagerlogistik und der Warenwirtschaft führt und das Bestandsrisiko begrenzt. Der Zahlungszyklus (Anzahl der Tage der Ware im Lager zuzüglich Anzahl der Tage bis zur Bezahlung abzüglich Anzahl der Tage seit Lieferung bis zur Zahlung beim Lieferanten) beträgt derzeit rund 80 Tage und soll auf 70 Tage gesenkt werden.

24 Vgl. Klöckner & Co., Prospekt für das öffentliche Angebot von Stammaktien, 2006, S. 51 f.

12.2 Vendor Managed Inventory

Beim Vendor Managed Inventory (VMI) übernimmt ein Lieferant die gesamte Bestandsverantwortung für die von ihm bezogenen Beschaffungsobjekte im Lager des Abnehmers. Darüber hinaus muss das Zulieferunternehmen einen vom Abnehmer definierten Servicegrad garantieren. Die Konditionen des VMI werden in einem Rahmenvertrag zwischen Lieferant und Abnehmer fixiert. Als Voraussetzung für ein effizientes VMI gilt es, eine enge informationstechnische Verbindung (z. B. mittels EDI oder Internet) zwischen Abnehmer und Lieferant zu installieren, damit der Lieferant über die Absatz- und Bedarfsentwicklung des Abnehmers informiert ist. Der Lieferant erhält einen detaillierten Einblick in den Bedarfsverlauf des Kunden und kann so die eigene Produktionsplanung und Produktionssteuerung auf seinen Kunden ausrichten. Den Prozess beim VMI beschreibt Abbildung 36.

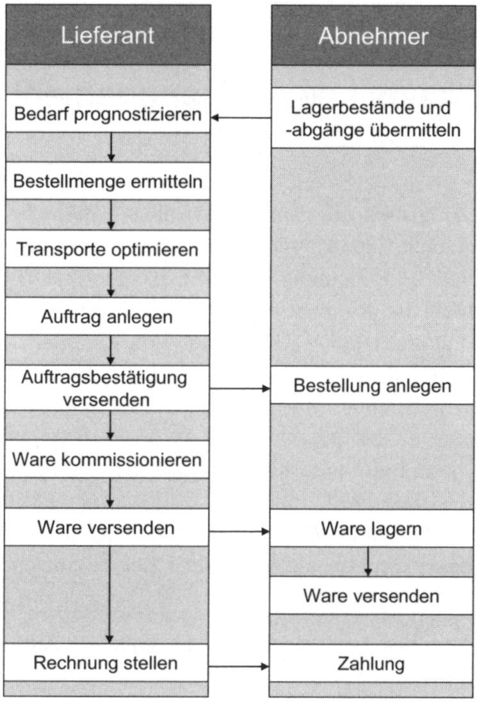

Abbildung 35: *Übersicht VMI*

Die Vorteile für den Lieferanten liegen in einer stärkeren Kundenbeziehung sowie im frühzeitigen Erkennen von Trends auf dem Absatzmarkt. Im Rahmen des Outsourcings der Lagerhaltung beim Abnehmer müssen zu Beginn der Kooperation meist beim Lieferanten höhere

Lagerbestände vorgehalten werden, um den geforderten Servicegrad sicherzustellen. Durch eine adaptive Produktionsplanung und Produktionssteuerung können die Bestände jedoch mit der Zeit minimiert werden. Das Konzept des VMI wird jedoch in der betrieblichen Praxis teilweise stark kritisiert. Zu den Nachteilen gehört, dass:

- kein Lieferant über die Bestände des Abnehmers besser entscheiden kann als der Abnehmer selbst,
- ein Abnehmer den Gesamtbestand aller Lieferanten optimieren muss und der Lieferant nur seine Teilbestände optimiert und
- der Kunde die Bestände mit der Zeit als Konsignationsware betrachtet.

VMI wurde zunächst von Handelsketten genutzt. Neuerdings kommt das Konzept auch in Industrieunternehmen zum Einsatz. Eine Anpassung des VMI hinsichtlich einer partnerschaftlichen Lieferanten-Abnehmer-Beziehung stellt das Co Managed Inventory dar, bei dem die Bestandsverantwortung von beiden Partnern getragen wird.

12.3 Ganzheitliches Logistikmanagement

Der Anteil der gesamten Logistikkosten am Umsatz eines Unternehmens beträgt zwischen 5 und 10 Prozent. Durch aktuelle Trends, wie z. B. E-Commerce, Just-in-Time Vorgehen oder Third Party Buying, steigt die Bedeutung der Logistik kontinuierlich, da mehr logistische Leistungen erbracht werden. Im Rahmen eines ganzheitlichen Logistikmanagements erfordern die hohen Kosten eine konsequente Umsetzung von Rationalisierungs- und Ertragssteigerungsaktivitäten. Das entscheidende Kennzeichen einer ganzheitlichen Logistikkonzeption ist die Integration der stofflichen und informatorischen Flüsse innerhalb der Wertschöpfungskette eines Betriebes. Aufgrund der Tatsache, dass das Logistiksystem neben operativen Aufgaben der effizienten Flussoptimierung auch strategische Erfolgspotenziale für ein Unternehmen erschließen und sichern soll, muss die Logistik die Effektivität der logistischen Maßnahmen durch einen Managementprozess sicherstellen. Nachfolgend sollen nur einige für das Material-Management bedeutende logistische Entwicklungen genannt werden. Dazu gehören:

- Outsourcing von logistischen Leistungen auf spezialisierte Anbieter und Reengineering des Material- und Informationsflusses,
- Vereinfachung und Standardisierung in der Produktgestaltung,
- Veränderung der Produktionsstruktur mit dem Ziel, die Produktdefinition erst
- möglichst spät im Fertigungsprozess durchzuführen,
- Entzerrung der Fertigungsorganisation durch Segmentierung,

- Flexibilisierung der Betriebsmittel und der Mitarbeiter sowie Harmonisierung der Kapazitäten (z. B. flexible Fertigungssysteme, fahrerlose Transportsysteme),
- Etablierung von logistischen Ketten innerhalb eines Unternehmens und über die Unternehmensgrenze hinweg mit einheitlichen Behältersystemen und
- Nutzung aktueller Planungs- und Dispositionsmethoden.

13. Kostensenkung bei indirekten Materialien

Die Bedeutung indirekter Materialien wird in der Einkaufspraxis erfahrungsgemäß unterschätzt. Dies rührt daher, dass diese keinen Bezug zum Endprodukt aufweisen und somit zunächst als unwesentlich erscheinen mögen. Aus diesem Grund erfolgt die Beschaffungsabwicklung zumeist dezentral am Einkauf vorbei. Das Ressort „Büromaterial“ wird so den Sekretärinnen übertragen, die uneinheitlich bei verschiedenen Lieferanten zu überhöhten Preisen beschaffen. Um den Einkauf von Marketing- und Druckdienstleistungen kümmern sich Marketingmitarbeiter, die bereits seit mehreren Jahren mit den gleichen Agenturen zu identischen Konditionen zusammenarbeiten. Ferner wird der Einkauf von Zeitarbeitnehmern einem Produktionsmitarbeiter anvertraut, der weder über Verhandlungserfahrung noch eine fundierte Marktkenntnis verfügt. Dieses Abbild der Realität in zahlreichen Unternehmen ließe sich noch um zahlreiche Beispiele ergänzen. Festhalten lässt sich somit, dass gerade bei der Beschaffung von indirekten Materialien höchst unprofessionell vorgegangen wird. Die Konsequenz daraus ist, dass hierbei immense Beträge zu viel gezahlt werden. Im Durchschnitt entfallen rund 25 Prozent des betrieblichen Umsatzes auf indirekte Materialien. Bei einem mittelständischen Unternehmen mit Gesamtumsatz von 200 Mio. Euro entspricht dieser Anteil rund 50 Mio. Euro pro Jahr. Aus der Beratungserfahrung heraus lassen sich die Kosten bei indirekten Materialien durch ungenutzte Einsparungspotenziale im Durchschnitt um 10 Prozent senken. Bei unserem Beispielunternehmen wären dies rund 5 Mio.Euro, die aufgrund ihrer nachrangigen Betrachtung und unprofessionellen Beschaffung gleichsam verloren gehen.

Auch im Rahmen der Unternehmensrestrukturierung von Quelle und Neckermann wurden indirekte Materialien mit großem Erfolg in das Sanierungskonzept integriert. Hierbei gab es Kostensenkungsmaßnahmen bei der Post, bei Papier und Druck. Im Druck konnten beispielsweise die Kosten von 100 Mio. Euro um 25 Prozent gesenkt werden.

Oftmals besteht Unklarheit darüber, was unter indirekten Materialien zu subsumieren ist. Deshalb wird im Folgenden eine Übersicht von indirekten Materialien dargestellt:

- Maschinen und Anlagen (Investition, Wartung & Instandhaltung, Rüstkosten, Ersatzteile, Umbauten)
- Zeitarbeit
- Hilfs- und Betriebsstoffe (DIN- und Normteile, Elektromaterial, Schmier- und Klebstoffe, Werkzeuge)
- Verpackungen (Well-, Vollpappe, Kunststoffverpackungen, Folien, Packhilfsmittel)
- Logistik (In- und Outbound)
- Arbeitsschutz (Brillen, Handschuhe, Schutzbekleidung, Sicherheitsschuhe)

- Arbeitskleidung
- Büro (Büroverbrauchsmaterial, Möbel, Ausstattung)
- Marketing (Sponsoring, Agenturen, Druck)
- Utilities (Strom, Gas, Wasser)
- Gebäude (Investition, Umbau/Renovierung, Reinigung, Werkschutz, lfd. Wartung)
- IT (Hardware, Software, Lizenzen, Server, Wartung)
- Telekommunikation
- Fuhrpark
- Betriebliche Reisekosten (Bahn, Flug, Hotel, Mietwagen, Reisebüro)
- Labor (Verbrauchsmaterial, Laborservices, Geräte, Hilfsstoffe)
- Kantine
- Entsorgung
- Versicherungen
- Professional Services (Unternehmensberatung, Rechtsberatung, Steuerberatung, Wirtschaftsprüfung)

Aus dieser Zusammenstellung lässt sich schnell ersehen, wie hoch der bedeutungsmäßige und finanzielle Umfang von indirekten Materialien ist. Die Realisierung von Einsparpotenzialen bei indirekten Materialien hat den Vorteil, dass sämtliche Änderungen bei Lieferantenkonditionen und -konstellationen keine unmittelbaren Auswirkungen auf das Produkt haben. Dadurch lassen sich diese ohne nennenswerte Auswirkungen und in kurzer Zeit umsetzen. Dies wird im Folgenden anhand von Beispielen aus der Praxis dargestellt.

Beispiel: Zeitarbeit

Das Beispielunternehmen ist ein Betrieb der Elektronikindustrie, der sich auf Kleinserienfertigung von Spezialrelais fokussiert hat. Die Gesellschaft beschäftigt in sechs Werken in Europa und Asien rund 1.200 Mitarbeiter; daneben werden rund 700 Mitarbeiter aus Zeitarbeitsunternehmen eingesetzt, die ausschließlich in der Fertigung tätig sind. Der hohe Anteil an Zeitarbeit ist darauf zurückzuführen, dass sich das Unternehmen in einer sehr zyklischen Branche befindet, die sich durch unregelmäßige Auftragsspitzen auszeichnet. Diese Bedürfnisse lassen sich am besten durch den variablen Einsatz von Zeitarbeitskräften abbilden. Zum Zeitpunkt des Projektbeginns betrug der durchschnittliche Stundensatz für einen Zeitarbeitnehmer rund 15,90 Euro; unternehmensweit wurden rund zwölf unterschiedliche Zeitarbeitslieferanten eingesetzt. Diese Entwicklung war darauf zurückzuführen, dass es keine einheitliche Regelung zum Einsatz von Zeitarbeit gab und der Einkauf dezentral durch verschiedene

Einkäufer abgewickelt wurde. Eine Bedarfsanalyse ergab, dass vier Zeitarbeitslieferanten rund 80 Prozent des Gesamtbedarfs abdeckten. Erklärtes Projektziel war eine Senkung des durchschnittlichen Stundensatzes um 10 Prozent auf rund 14,30 Euro.

Nachdem der interne Bedarf sowie die Lieferanten detailliert analysiert und konsolidiert worden waren, wurden Ausschreibungsunterlagen erarbeitet, die die konkreten Bedarfsspezifikationen über alle Gesellschaften aufnahmen. Im Rahmen der Auswahl geeigneter Anbieter, die weltweit an den Werksstandorten präsent waren, wurde zunächst der Markt analysiert. Dabei zeichnet sich der deutsche Markt für Zeitarbeit durch eine enorme Fragmentierung aus. Hierbei vereinen die fünf größten Anbieter rund 31 Prozent des Marktvolumens auf sich. Der Rest verteilt sich auf 7.153 Verleihbetriebe, von denen lediglich 30,1 Prozent mehr als 50 Mitarbeiter überlassen. Darüber hinaus war eine starke Marktkonsolidierung mit zahlreichen Übernahmen festzustellen. Nach einer ersten Vorauswahl einigte man sich auf vier globale Zeitarbeitsunternehmen, die die Anforderungen des Elektronikunternehmens erfüllen konnten. Diese wurden zu einer ersten Bieterkonferenz geladen, um einen konkreten Eindruck von dem ausgeschriebenen Paket zu erhalten und um wichtige Rückfragen zu stellen. Dabei kristallisierten sich zwei Anbieter heraus, mit denen man in die finale Verhandlungsphase ging.

Durch die Tatsache bedingt, dass die Fertigung im Sinne einer Null-Fehler-Politik höchste Ansprüche an die Qualität der Leistungen stellt, wurde eine Malus-Komponente als Vergütungsbestandteil gefordert, bei der definierte Qualitätsdefizite mit Lohnabzügen sanktioniert wurden. Somit orientierte sich die Bezahlung der Zeitarbeitnehmer teilweise am erbrachten Qualitätsstandard. In der Praxis konnte dies leicht umgesetzt werden, da Fehler leicht zu identifizieren und auf die Zeitarbeitnehmer, die fixierte Produktionslinien besetzten, zurückzuführen sind. Somit hatte das Elektronikunternehmen eine Sicherheit, dass der Qualitätsstandard im Zuge des Lieferantenwechsels erhalten blieb, da das Zeitarbeitsunternehmen einen Anreiz auf einen hohen Leistungsstandard seiner Mitarbeiter hatte. Durch diese Maßnahme konnte die Qualität nach erfolgtem Anbieterwechsel sogar deutlich gesteigert werden.

Insgesamt wurde das gesetzte Einsparziel von 10 Prozent übertroffen, da beide Unternehmen im Bieterwettbewerb ein sehr großes Interesse an dem Auftrag hatten. Der finale Stundensatz wurde auf 14,60 Euro festgesetzt; dies entsprach einem absoluten Einsparvolumen von 6,2 Mio. Euro. Darüber hinaus konnte durch die Volumenkonzentration auf einen Zeitarbeitslieferanten der Betreuungsaufwand von Seiten der Produktions- und Personalabteilung erheblich gesenkt werden.

Beispiel: Betriebliche Reisekosten

Es ist hinreichend bekannt, dass Reisekosten einen hohen Aufwand verursachen. Im Folgenden werden einige Ansätze und Beispiele aufgezeigt, was im Bereich betrieblicher Reisekosten bereits in der Praxis durchgeführt wird und wo weiterhin Optimierungsbedarf besteht.

Bei einem Beispielunternehmen der Prozessindustrie wurde eine zentrale Abteilung für Travel-Management geschaffen, die alle betrieblichen Reiseaktivitäten der Mitarbeiter bündelt. Erklärtes Ziel war und ist weiterhin, eine Kostensenkung mit einer Leistungssteigerung zu verbinden. Dieser scheinbare Widerspruch konnte bei dem Beispielunternehmen in 10 Monaten realisiert werden. Die Grundlage des Travel-Managements bilden dabei fünf Punkte:

1. Bündelung der Reisebürodienstleistungen und Umsetzung einer globalen Reisebürostrategie,
2. einheitliche Reiserichtlinien,
3. unternehmensweites BIS (Business Information System) für Reisekosten mit weltweitem Datenzugriff,
4. weltweite Implementierung des IT-gestützten Reisesystems und
5. Neuausschreibung des Fuhrparks.

Das Beispielunternehmen beschäftigt rund 50.000 Geschäftsreisende weltweit mit direkten Reiseaufwendungen für rund 200.000 Mio. Euro. Bei dieser Größenordnung ist offensichtlich, dass sich hierbei keine manuelle Abwicklung mehr realisieren lässt. Eine IT-gestützte Infrastruktur ist somit unerlässlich.

Durchgängig gültige Reiserichtlinien bilden den Schwerpunkt von Travel-Management. Damit das weltweit an sämtlichen Unternehmensstandorten möglich ist, sind die Reiserichtlinien im Mitarbeiterportal verfügbar. Dort werden beispielsweise Vorzugslieferanten hinterlegt, die bei Buchungen berücksichtigt werden sollen. Bereits sechs Monate nach Einführung des Portals werden in Deutschland 85 Prozent aller Reservierungen elektronisch vorgenommen, Dienstfahrzeuge werden ausschließlich online bestellt. Auch die Reisekostenabrechnung erfolgt online. Jeder reisende Mitarbeiter hat seine Kreditkarte, über die eine Reise abgerechnet wird. Bei den Kreditkarten hat man sich auf zwei Anbieter geeinigt, die weltweit vertreten sind. Reisekostenvorschüsse mit Bargeld wurden mit sofortiger Wirkung abgeschafft. Nachdem die Reisebüro-Dienstleistungen neu ausgeschrieben worden waren, reduzierte das Unternehmen die Anzahl der Reisebüros von 24 auf drei Reisebüroketten, zu denen eine Online-Anbindung besteht. Um eine große Akzeptanz des Reiseportals herbeizuführen, sind leichte Zugangsmöglichkeit und Benutzerfreundlichkeit entscheidend. Ferner sind Informationen zu Ländern oder Orten, Einreisebestimmungen oder Gesundheitsbestimmungen abrufbar, womit die Attraktivität zur Nutzung gesteigert wird. Allein durch diese Maßnahmen konnten Einsparungen von 5 Mio. Euro realisiert werden. Durch die Online-Anbindung zum Partner-Reisebüro ließen sich Einsparungen bei den direkten Reisekosten in Höhe von etwa 12 Prozent erzielen.

Darüber hinaus wurden einschneidende Veränderungen beim Fuhrpark vorgenommen. In einem ersten Schritt galt es, eine Entscheidungsbasis zum Kauf oder Leasing von Fahrzeugen auszuarbeiten. Sämtliche Bedarfe wurden im Anschluss konsolidiert und als Gesamtpaket ausgeschrieben. Ergebnis war, dass die Fuhrparkkosten von rund 100 Mio. Euro auf 80 Mio. Euro zurückgeführt werden konnten, was einer Einsparung von knapp 20 Prozent entspricht.

14. Controlling und Reporting von Einsparungsmaßnahmen

Die Realisierungsmaßnahmen zur Kostensenkung im Einkauf gilt es, durch ein Controlling-Konzept zu messen und zu steuern. Da die Einkaufsleistung aus vielfachen Zusammenhängen besteht, kann es komplex sein, ein standardisiertes Messverfahren zu entwickeln. Als weitere Schwierigkeiten erweisen sich die Quantifizierung des Outputs der Beschaffung sowie die Wirkung externer Faktoren auf das Beschaffungsergebnis.

Mit dem Performance Level Tracking (PLT) soll ein Controlling-Konzept vorgestellt werden, das in zahlreichen Einkaufsorganisationen erfolgreich eingesetzt wird. PLT ist eine Systematik, die die vom Einkauf erreichte Kostenreduzierung misst und darstellt. Um dem Einkauf nur diejenigen Einsparungen anzurechnen, die er mittels beschaffungspolitischer Instrumente beeinflussen kann und damit zu verantworten hat, werden die externen Einflussfaktoren wie Volumen-, Marktpreis-, Währungsänderung separat dargestellt. Die Bereinigung der Einsparungen um den Volumeneffekt muss erfolgen, da sich die Bedarfsmengen über die Zeit aufgrund von Nachfrageschwankungen verändern. Die Berechnungsbasis für diesen Effekt stellt das Verhältnis von Beschaffungsvolumen und -preis in zwei aufeinander folgenden Perioden dar. Ebenso muss der Marktpreiseffekt berücksichtigt werden, weil die Veränderungen der Marktpreise nicht vom Einkäufer beeinflussbar sind. Die Ermittlung dieses Effektes basiert auf dem Vergleich der Entwicklung der eigenen Einkaufspreise mit dem Marktpreis (Marktindex). In einem letzten Schritt wird die Einsparung noch um den Währungseffekt bereinigt, der bei Auslandsbezug durch Wechselkursschwankungen auftritt und nicht durch das Beschaffungsmanagement zu verantworten ist. Nachdem die externen Effekte von den Einsparungen getrennt wurden, kann nun durch Vergleich der bereinigten Basis des Vorjahres mit den aktuellen Beschaffungskosten der direkte Beitrag der Beschaffung mit so genannten „Performance Levels“ (PL) ermittelt werden. In der betrieblichen Praxis hat sich die Verwendung von insgesamt fünf PL etabliert, die das Einsparziel bis hin zur liquiditätswirksamen Umsetzung umfassen:

- *PL 1*
  drückt das Kostensenkungsziel aus. Dies könnte beispielsweise die Vorgabe der Geschäftsführung sein, die Beschaffungskosten im laufenden Jahr um 10 Prozent zu senken.
- *PL 2*
  steht für das Potenzial, das mit konkreten Umsetzungsaktivitäten hinterlegt ist. PL 2 muss erfahrungsgemäß das fixierte Einsparziel übersteigen, da sich in der betrieblichen Praxis zahlreiche Vorschläge und Maßnahmen im Folgenden als unrealisierbar herausstellen oder abgewiesen werden.
- *PL 3*
  umfasst sämtliche mit konkreten Einsparvolumina versehenen Maßnahmen, die durch die Projektleitung zur Realisierung freigegeben und verabschiedet werden.

- *PL 4*
  beinhaltet die Kostensenkungen, die bereits vertraglich mit den Lieferanten abgeschlossen wurden. Können beispielsweise ab dem Monat Juli durch einen Lieferantenwechsel für ein Bauteil 20 Prozent eingespart werden, beträgt der PL 4 unter der Annahme eines jährlichen Einkaufsvolumens von 10 Mio. Euro und eines linearen Nachfrageverlaufs 1 Mio. Euro.
- *PL 5*
  drückt schließlich die bereits realisierten Einsparungen aus.

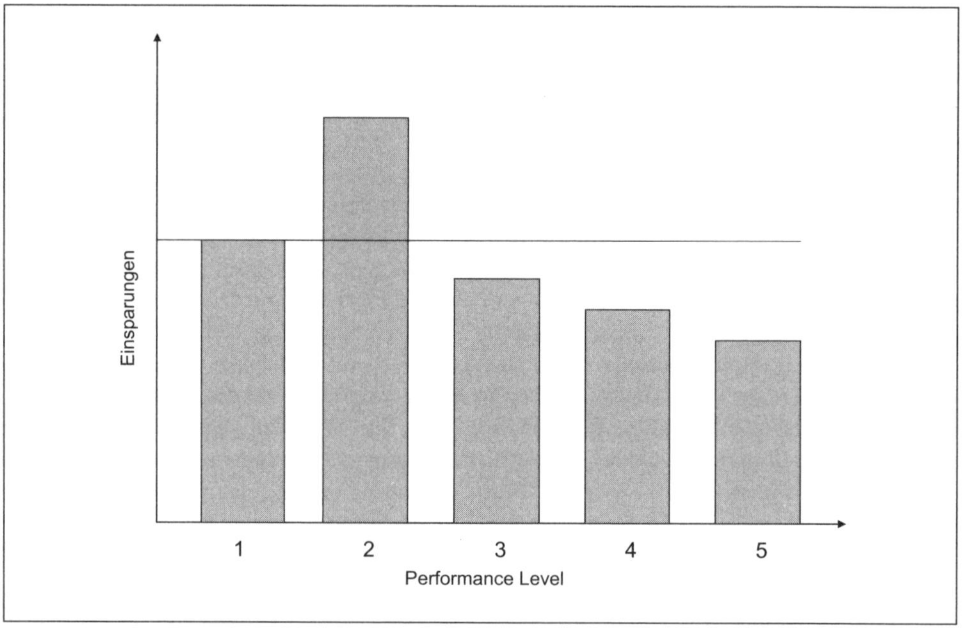

Abbildung 36: *Beispiel Performance Level Tracking*

Im Rahmen von Kostensenkungsprojekten ist zudem ein Berichtswesen einzurichten, das dem Informationsanspruch der unterschiedlichen betrieblichen Hierarchien gerecht wird. Im Gegensatz zur Geschäftsleitung, für die strategisch relevante Sachverhalte wie standortübergreifende Benchmarkingvergleiche oder aggregierte Darstellungen der Materialkosten von Relevanz sind, ist für die Einkaufsleitung vornehmlich die laufende Umsetzung von Teilprojekten von Interesse. Dagegen sind für Teammitglieder Daten zur Preisentwicklung, Lieferantenzahl und Rahmenvertragsquoten bedeutsam.

Das Berichtswesen verantwortet die Bereitstellung der relevanten Informationen über Projekterfolg und Potenzialrealisierung. In der Abbildung 37 sind die vier Dimensionen eines Berichtswesens im Einkauf zusammengefasst.

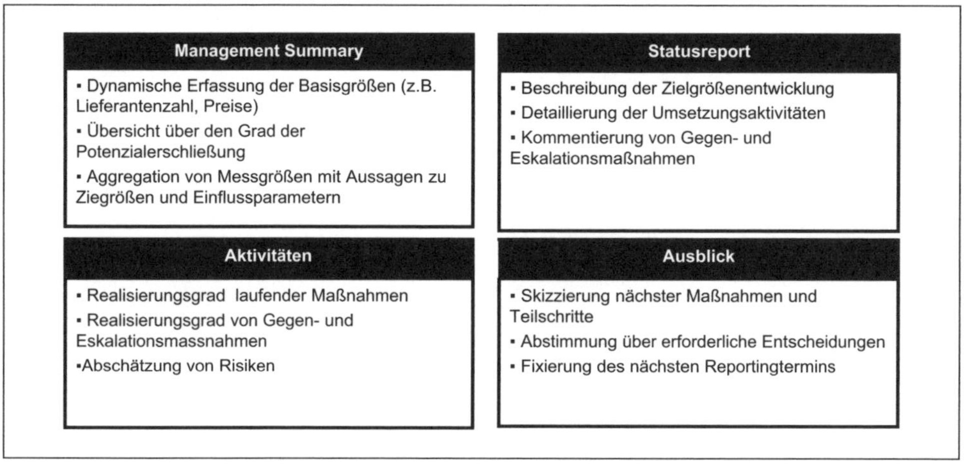

Abbildung 37: *Dimensionen des Berichtswesens*

15. Fazit – Einkauf ist Chefsache

„Im Einkauf liegt der Gewinn.“ Diese hanseatische Kaufmannsweisheit umschreibt nochmals treffend den Kerngedanken dieses Buches: Der Einkauf ist als Experte für Kostensenkung maßgeblich für das Unternehmensergebnis verantwortlich. Kein anderer Unternehmensbereich verfügt über derartig viele Möglichkeiten und Stellhebel zur Steigerung der Umsatzrendite.

Dieses Bewusstsein kann sich jedoch nur durchsetzen, wenn der Einkauf im Unternehmen adäquat positioniert ist und sich ein Umdenken in der Rolle des Einkaufs nachhaltig durchsetzt. Dafür ist es zwingend erforderlich, dass die Einkaufsabteilung von der Geschäftsführung eine große Unterstützung erfährt. In der Mehrheit der mittelständischen Betriebe ist dies jedoch nicht der Fall. In den Geschäftsführungen finden sich gegenwärtig nur sporadisch Vertreter des Einkaufs – der Einkaufsleiter ist zumeist nur in der zweiten Führungsebene angesiedelt. Im Gegensatz dazu gibt es nahezu bei allen Automobilherstellern ein eigenes Vorstandsressort für den Einkauf. Nicht zuletzt deshalb gehen die meisten Impulse in der Beschaffungswelt von der Automobilindustrie aus. Die Automobilwirtschaft setzt neue Standards im Einkauf – wie Lieferantenmanagement und –optimierung, die von anderen Branchen häufig übernommen werden.

Bei führenden Unternehmen wurde das immense Potenzial des Einkaufs erkannt. Nach einer Personalabbauwelle setzt sich kontinuierlich die Tendenz zur Kostensenkung im Einkauf durch. Ein abschließendes Beispiel führt das nochmals vor Augen. Im Rahmen eines Performanceprogramms beim Bahntechnik-Konzern Vossloh AG, das eine Kostensenkung um einen zweistelligen Millionenbetrag vorsieht, traf der Vorsitzende des Vorstands, Gerhard Eschenröder, folgende Aussage: „Dabei geht es nicht darum, im großen Stil Personal abzubauen. Einsparungen lassen sich vor allem im Einkauf erzielen.“[25]

---

25 Süddeutsche Zeitung, SZ-Gespräch mit Gerhard Eschenröder, 23.08.2006

Stichwortverzeichnis